餐桌上的超級食物

74道美味真食的家庭料理

YOU ARE
WHAT
YOU EAT.

文·攝影

蘿瑞娜、梅子

／推薦序／

蘿端娜在瑞典，梅子在美國，肥丁在香港。因為相同的飲食理念的緣份，三個生活在地球上不同國度的幾個人，在臉書上相遇。在眾多追棒簡易、快捷、速食的食譜風潮中，兩位作者是難得堅持飲食原則的部落格主，特別注重選擇沒經過加工的全食物（Whole food），非常認真並仔細考慮食材的搭配，甚至還建立起自己的小菜園，把飲食從料理伸延到生活之中，用心到這種程度，實在非常不簡單。每次看她們的格文，都獲益良多。

收到書稿後翻開一看，果然不失所望。書中所談到的超級食物，不局限於幾種潮流追棒的食材，兩位作者的對超級食材的傳譯是全方位的，從瓜果、蔬菜、豆類、蕈菇、種籽堅果、五穀雜糧、油脂，天然調味料，還有家居發豆芽、香草盆栽等真實食材，娓娓道來。食譜涵蓋中西式早午晚餐、甜品點心提案，在我們耳熟能詳的料理基礎上，融入超級食物的原素的創新料理靈感，盡顯兩位媽媽主廚的廚藝功架。

愈是美味的食物愈邪惡，可惜超級食物距離美味邪惡還有相當的距離，養生但難入口的事實讓人又愛又恨。例如，藜麥本身的草味，吃慣精緻食物的都市人較難接受，梅子巧妙地加入蝦鬆裡面，既養生又不委屈味蕾。亞麻籽油的特殊香氣太有個性，很多朋友聞而卻步，蘿瑞娜聰明地加入蔥燒燒餅中面，令人迫不及待躍躍欲試。

書中還更多的飲食靈感，等著大家去發掘。想要開始追尋美好生活吃真食材的你，這本書是很好的啟程的導航。已經開始這種飲食生活的你，這本書讓你如同找到志同道合，互相鼓勵的好朋友，細細分享，更堅定生活中的正能量。

肥　丁
無添加手作料理達人

／作者序／

這是一本記錄著關於生活，關於美好，關於愛的飲食札記。

也就是說，不管你在哪？南極、北極、雨林、沙漠……（我和梅子應該就是北極與沙漠兩地代表，哈哈！），只要你願意，就能體驗到由飲食為起點所帶給你的美好生活。

故事，是這樣開始的。

爸爸中風那年，超級食物的食譜書如雨後春筍般的上市。我也因為爸爸的飲食，更仔細探究這幾年上了超級食物榜的食材。只可惜，相關的食譜書多半都是國外的翻譯版，也就是說，書裡的菜式，雖美卻帶著距離，買回家的大部分時間是供起來瞻仰用的。於是，就像開始輕斷食那年一樣，我嘗試把這些食材融入在日常的飲食內容裡，重新給了這系列的食材亞洲菜的靈魂，也讓自己與家人的味蕾開始懂得欣賞他們的美。因此，當詠妮問我對於新書有什麼構想時，我第一個想要分享給大家的主題，就是帶著亞洲魂的超級食物。

但是，這本書想要談的，是飲食所串起的美好生活。那麼，就不該只侷限在料理本身。幾番和梅子討論之後，我們都認為，應該從料理的起始點～「食材」來談起。而且，不能僅僅只談如何挑選、如何採買，而是該回到那個從無到有，播種移苗到收割的過程。梅子是資深的「自耕農」自然經驗豐富，而我則是在搬了家後，開始了春日窩在後院理剪枝、翻土、除草、播種、移苗的日常。腳下的大地，蘊藏著你無法想像的療癒能量。當你雙手觸摸著泥巴赤腳踩在草地上，自然地就接上了地氣，不知不覺中，紊亂的思緒清明了，不安的心神澄淨了。這是搬家之後不得不幹起花園活，我意外的收穫。這些，正是我們想分享大家的。看到這裡，你一定會想，這兩個人是瘋了嗎？現代人連住的空間都不夠了還談什麼種菜。也因為考量到現代的生活與居住環境，書中分享了許多像是玻璃罐芽菜、自發豆芽盆栽香草等等，讓你輕鬆的就能當起都市版有機小農，在家也能擁有一隅春光。

我和梅子，因為居住環境的氣候相對惡劣，農產的種類或是產期都不如寶島台灣豐富或長久。也因此更是珍視捧在手中現有的食材，更想要把它發揮到淋漓盡致。像是沒有菜心，就拿花椰菜梗取代。葉菜類缺乏，所以一般被遺棄的蘿蔔葉也能拿來入菜。青木瓜不易取得，口感相仿的南瓜，也能做成我愛的百香果涼拌小菜。這些衍生性菜單，都是來自於我這個吃貨，對於飲食的那份執著與不願放棄。希望這本書，能讓你看到兩個熱愛生活的料理人，對於飲食的那分真摯與用心。也希望透過這樣的分享，能讓你能從日常飲食生活中，找回與自己親密的美好及能量。

Lorina
蘿瑞娜

／作者序／

在跟蘿瑞娜討論這本書的時候，我們對於「超級食物」這個主題陷入深深的思考。「超級食物究竟要怎樣定義？」我們一再地討論，腦海裡尋思著平日裡飲食的脈絡。

想到很多時候，我家的料理是從一筐自家菜園的現採蔬果開始的：

早晨慣例地在園子裡走走巡巡，伸手擰下新熟的四季豆莢，黃的綠的、想著用它們跟肉絲爆炒。然後瞥見油菜茂盛著，剪下幾株便是一盤，想到要搭配蒜瓣跟自己煉的培根油、甚是美味！轉頭扯下幾根即將過季的茄子，唸叨著雖已不如之前鮮嫩，但還可以跟手中香氣撲鼻的九層塔、以及旁邊紅艷艷的朝天椒一起醬燒。從瓜藤上摘下幾根白玉苦瓜，也轉身從綠油油的蔥地裡割了幾根青蔥，看著蔥白連著長長的蔥尾，邊讚歎著這圃從廚餘的根鬚開始種植的蔥，居然不遺餘力地生長了多年，替主婦省下不少買蔥錢。端筐進屋前、仍順手拔了兩顆酸橙嗅著，雖然酸得讓人倒牙，但橙皮卻是清香無比，用以燉湯燒肉，提味且增鮮。

端詳著這筐不起眼的蔬果，毫無明星架子，但在我心目中它們都很超級。

從土壤到餐桌，從胃裡暖到心裡。我深深體會到只要是「有益身心的食物」，就配得上稱為「超級食物」。

改變自己以及家人的飲食步調，是我退出職場後給自己的第一個功課。除了原本就很投入的烹飪以及烘培，也建立起自家的菜圃，從自耕開始掌握食材。漸漸地，認真生活的堅持也影響了家人。先生開始規律的運動與作息，學會享受雜糧麵包以及五穀糙米，身體也一年比一年健康，許多原本超標的指數都恢復到正常範圍。孩子不挑食、愛吃蔬菜水果，上市場能夠分辨挑選各種對身體友善的食材，體貼環境、關懷大自然，也喜歡黏著我在廚房庭院裡一起享受手作的樂趣；而「盡可能地自己動手」這樣的生活節奏，無形地也啟蒙了孩子的獨立與自信，建立孩子的觀察與組織力，並架構了健康的親子互動溝通的管道。看到幸福像漣漪一般慢慢擴大，我感覺非常富足。

因此，我認為，除了超級食物，我們更需要的是建立起一種「超級生活」。

這不該只是一時興起的潮流，而是應當落實於返璞歸真的堅守，每跨一步都像是在探索、都是學習，然後重新愛上生活以及世界。這是一種正能量的生活方式。

所以在這本書裡，我們更希望表達與分享的是超級生活的美好，由這些貼近產地與自然的全食物料理切入，延伸到細水長流的日常實踐。盼望藉由這本書傳播與推動這樣的飲食理念，讓這股從美味出發的超級能量在社會中擴散，在更多的家庭裡翻起波瀾。

目錄 CONTENTS

PART 3
好味道的
養生點心及飲品

目錄 CONTENTS

PART 4
晚餐，歡聚的美好時光

PART 5
涮嘴也不忘健康的自製零食

Column

含線上料理示範影片

／影片拍攝／
Eden Liao

／前言／梅子

全食物——
充滿食癒力的飲食方式

有次在超市排隊結帳，一位美國婦女帶著兩個孩子排在我們前頭。當中一個小男孩不停執拗地抓起旁邊貨架上的巧克力丟進購物推車內多次，被母親大聲喝止。

這陣騷動讓我忍不住朝這家人打量了兩眼，目光也不小心掃到了婦人身邊那幾大袋家庭號的薯片、好幾打不同顏色鐵罐裝著的汽水，幾盒電視餐、小罐裝的調味果汁、兩桶檸檬調飲粉末、還有速食起司捲心麵、以及其他許多讓人眼花繚亂的包裝產品等，滿滿一購物車的「食物」……。如果這些充斥著人工調味、香料香精、高量的油脂鹽糖、包裝上寫著「快速簡單又美味」等字樣、但卻完全看不出原料食材的東西，夠資格被稱做為「食物」的話……。不過，看起來這些確實是他們未來一週的飲食計劃。

幸好後來從各種繽紛的包裝袋中，瞧見一包預先清洗切碎處理好的綜合生菜葉，才稍稍安撫了我在看到這車「食物」後的驚魂未定。

我雖然在美國學會了吃全食物，卻也在這個國家看到最離譜與最偏離原食材的加工品飲食方式。

這個國家於高糖高鈉高油脂的人工食品攝取量上，已經到達亮紅燈的警訊程度，就連孩子學校販賣的食品以及「營養午餐」也無法避免地充斥著不怎麼營養的選項;美國是全世界最早積極提倡健身運動的國家之一，但諷刺的是國民依然無可救藥地陷入佔人口比例越來越高的心腦血管、糖尿、肥胖等疾病而無法自拔，原因，就是上述那一車他們稱之為「食物 food」的東西。

由此可證，許多人對於食物（Food）的認知，與全食物（Whole food）是有著天壤之別的。

我相信絕大部份的人都能說出吃全食物的好，但卻從未仔細思考過長期偏離自然的飲食方式會帶來多麼可怕的後果。因此，由「全食物、原食材」出發的料理思維，將錯誤的食物認知導正與回歸，是一場必須要被正視的全民飲食革命。

我有一位很熱衷於漢方食療的母親，她手邊隨時能取用的藥材乾貨大概可以趕上迪化街上的一家小舖；年輕的時候常常被梅子媽「調理身體」，婚後搬離娘家、地處無華人便利的地區，又肩負起一家老小的健康，就得自己想辦法。比起來，我自己的養生之道（老一輩口中的洋玩意兒）就簡單很多，全食物、簡調味、吃當季在地、盡可能自己動手。自家的菜園與當地的農夫市場是我健康生活的依靠。於是即便我於深奧的養生藥理一無所知，但也靠著「飲食盡可能貼近產地土壤」的簡單食理，成功地在幾年之中，調整了外子身體上幾項原本亮起紅燈的指數。因此，全食物的飲食概念絕對是健康生活的入門之鑰。

吃全食物原不應是件困難的事情，繽紛的蔬果永遠是餐桌上最舒心的風景：圓滾滾的球形節瓜，明亮的燦黃梗青；幼嫩的馬鈴薯，比手指大不了多少的玲瓏討喜；紫色的茄子，每根粗細不一的俏皮；番茄還有胡蘿蔔都穿著彩衣，新鮮的菇朵有著吹彈即破的外皮……食材們原本的美麗怎可能不讓人動心？ 英文有句話說：You are what you eat.（人如其食。或做：吃什麼，像什麼），聽來像句玩笑話的諺語、卻有著耐人尋味的飲食哲理。

夏季小菜園自產的幾種四季豆，顏色各自不同。
原食材的風貌永遠充滿趣味、從不單調

本書所使用的超級食物

作者／梅子

葉（花）菜類

低卡路里，低脂肪，富含膳食纖維、鐵、鈣、維生素 C、維生素 K、胡蘿蔔素、葉黃素、葉綠素、葉酸、多種礦物質

人人都道葉菜好，但總是清炒好無聊。那麼就用多變的料理方式讓它們變得更好吃吧～ 焗烤、熱拌、醋嗆、還可以製零嘴、做醬料，無論是近年養生界新寵的彩葉甜菜、羽衣甘藍，又或是熟悉經典的白花椰、大白菜，讓我們將這幾種型色、口感各異的蔬菜，應用於中西菜餚，以不同的風味呈現，換個角度來欣賞它們的美味。

瓜果類

富含果膠、多種維生素、β - 胡蘿蔔素、維生素 C、膳食纖維、複合式碳水化合物

橙黃金燦的南瓜、紅彤紫藍的莓果，翠綠黃嫩的櫛瓜，五色繽紛的橙類蘋果酪梨，望眼欲醉的鮮麗色譜，有的酸甜多汁，有的清脆甘美……這像是大自然刻意擺出的盛宴，用顏色訴說著各自富含的養份。

瓜果類食材在料理中的運用非常廣泛。我們把口感軟糯、澱粉豐富的南瓜用於麵點烘培，製作出的饅頭馬芬帶著溫柔甜香；爽脆多水、風味清新溫和的櫛瓜，除了作為蔬菜料理、還能被當作水果般應用。富含纖維以及維生素 C 的莓果們是糕點上最天然俏麗的妝點，經過糖漬催化滲出的汁液酸甜迷人。營養豐富多元的蘋果與酪梨，只需用最單純的方式、就能體現出真誠的美味。橙柚檸檬被仔細剝出的果肉如寶石般晶瑩透亮，用於菜餚中清芬馥郁、風味雅致，而橙皮的用途亦遠超過廚事範疇。

依循著瓜果們絢麗多彩的營養密碼，均衡且多元攝取各色食材，這是種享受而愉快的養生食理，豐盛、美好。

根莖類

豐富的優質澱粉、膳食纖維、蛋白質、醣類、β 胡蘿蔔素、維生素 C、維生素 B2、鈣、磷、銅、鉀

若你曾經親自從土壤裡刨出成串圓滾的薯類、或是用力拔出形狀大小各異的蘿蔔、胡蘿蔔們，就會發覺「一個蘿蔔一個坑」這句話描寫得好真切！同樣的情境無論經歷多少次，收成根莖蔬菜時的有趣模樣，總還是會令人驚喜含笑；它們是植物珍藏在土壤裡的寶，同樣具備著許多蔬果的營養、又可搭配做為主食把肚皮填飽，是非常純樸厚道的平民式超級食材。

種籽堅果

富含優質油脂、蛋白質、不飽和脂肪酸、膳食纖維、維生素〔維生素 B、E 等〕、微量元素〔磷、鈣、鋅、鐵〕

堅果類食材曾被美國《時代》雜誌評選為現代人的 10 大營養食品之一，可以做為飲食中優質油脂的來源；因為種籽堅果類食材易於分裝、方便控制攝取份量，許多人以它們做為體能活動時的健康零食選項，能夠於短時間提供高能量來補充體力。運用於烹調當中，整顆的種籽和堅果都能夠替菜餚增添香氣與口感，而經過打磨製成堅果醬後、則可以取代乳製品，製作軟滑濃郁的料理醬汁，更可以延伸變化出各種甜點與飲品，是百搭百變的好食材。

豆類

富含植物性蛋白質，抗性澱粉，鐵，多種維生素，B 群，葉酸，脂肪

豆類被喻為蔬食者肉類，含有豐富的植物性蛋白質。乾燥的豆類食材易於儲存，是營養便利的家庭常備食材。除了一般熟悉的豆腐、豆漿、豆沙等豆類產品，將豆豆們直接應用於料理內也是非常美味的烹調方式，無論是鮮美飽足的燉白豆、香甜滋補的蜜漬黑豆、或是酥脆鹹香的焗烤鷹嘴豆，都能夠享受到豆類豐富多變的口味、甜鹹皆宜的靈活性。

蕈菇類

低脂、低熱量，富含多醣體、蛋白質、纖維質、胺基酸，維生素 B 群、胡蘿蔔素、鉀、鐵

形色各異的菇菇們，氣味鮮香、口感豐厚滑爽。除了於菜餚中提鮮，蕈菇類猶如海綿般的特性，可於烹調時吸附大量湯汁，入味、爽口，料理時可塑性極高。一般蔬果大多有季節性，而蕈菇類食材則屬於供應穩定、價格波動低的蔬食，是一年四季都可以享受得到的美味。

五穀雜糧

富含蛋白質、醣類、多種維生素、礦物質、胺基酸、微量元素、纖維質、酵素

雜糧類食材含有豐富的膳食纖維質，可增加飽足感、促進腸胃蠕動，延緩醣類的吸收，進而穩定血糖。近幾年各種研究皆指出糧食的外皮上含有更豐富的營養，而食材精製的過程會導致這些營養的流失，因此，利用雜糧代替精食成為最新的主流飲食趨勢。除了一般所熟悉的糙米全麥，藜麥以及燕麥也成為近年來極受重視的食材，在當成主食之外，還可用於馬芬配方、沾裹炸物、製作飲品，都能為雜糧料理帶出不同層次的口感與享受。

常在廣告裡聽到「美好的一天就從早晨開始」，但對於媽媽來說，殘酷的事實卻是，睜開眼面臨的其實是一場兵慌馬亂的戰鬥。尤其家有三枚小娃，每天總是重複上演著趕上學的戲碼，對於想要能迎接美好一天開始的想法也格外強烈。也因為感觸太深，不想日復一日狼狽地面對自己的一天，漸漸地，除了建立好孩子們起床的 SOP 流程外，也調整早餐的菜式，好讓自己更從容優雅，然後，才能做到真正的「用早餐來迎接美好的一天」。

希望透過書中的分享，讓大家進一步瞭解到如何把營養的燕麥五穀雜糧應用在早餐的料理上，也更能感受到食物所帶來的美好能量，開啟元氣滿滿的一整天。

早餐
迎接美好的一天
PART 1

來不及好好吃，就要能方便帶著走

我們特別把早餐這篇的料理，再細分成「方便攜帶」及「早餐提案」兩個系列，讓大家能彈性應用在週間較匆忙的瞬間（or 移動式）早餐，等到週末時也能好好與家人一起放鬆享受的早午餐時光。

作者／梅子

酵母全穀格子鬆餅

雖說介紹雜糧鬆餅，但我卻希望將這篇食譜的重點放在酵母上。利用酵母膨發麵糊是非常值得學習的烘焙技巧。一般格子鬆餅的配方多半使用泡打粉，我卻獨愛酵母鬆餅的口感。經過發酵後的麵糊會產生筋性，蓬鬆柔軟中還略帶麵包般的彈韌。懶得開烤箱製作麵包的日子，我們常常以這款酵母鬆餅（Waffle）代替麵包；除了淋糖漿、搭配水果之外，還可以夾入煎蛋火腿等食材做成鬆餅三明治、立刻成為方便攜帶的早餐選項。建議不要在配方中放太多糖，盡量保持口味的中立性，保留靈活變化餐點的彈性，更吃得到雜糧的淡雅甘甜。

材料（視鬆餅機大小，約8～12片）

中筋麵粉……150g
全麥麵粉……75g
全穀麵粉……75g
砂糖……60g
海鹽……2g
快速酵母（Rapid-rise yeast）……5g
中型雞蛋……2 個
橄欖油……2 大匙
牛奶……300ml
清水……60ml

TIP

- 此配方含糖量較低，只有淡淡甜味，喜甜者可自行斟酌增加砂糖用量。
- 食譜內建議的發酵時間可做為參考，製作時，需依照麵糊的實際發酵狀態調整。
- 混合粉類材料時，要注意避免酵母直撒放在鹽與糖之上，造成酵母快速脫水失效。
- 格子鬆餅可以事先做好以冷藏或是冷凍保存，吃的時候用小烤箱烤熱或平底鍋小火加熱。
- 全穀麵粉（whole grain flour），是整粒小麥全穀打磨製成的麵粉，若無法取得，可以用等量全麥麵粉取代、也可以改用燕麥粉、藜麥粉等雜糧粉替換。

做法

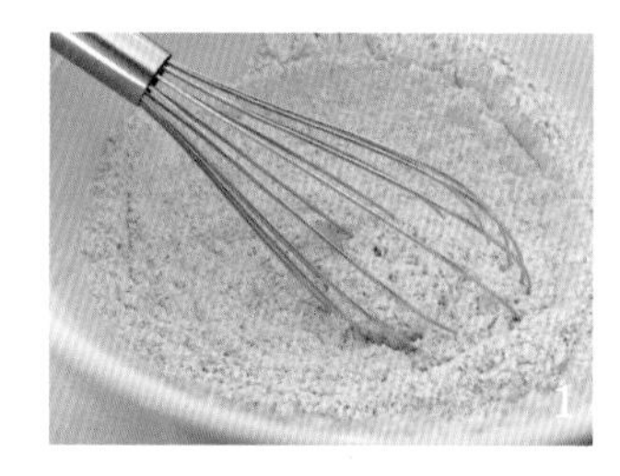
1

2

3

4

5

6

1 將所有麵粉、糖、鹽以及酵母放入攪拌盆內，用打蛋器攪拌，混合均勻。

2 雞蛋打散，與橄欖油、牛奶以及清水一起攪拌均勻。

3 將 2 倒入 1 的粉類材料當中，混合均勻成麵糊，加蓋發酵 1 個小時左右。

4 檢查麵糊狀態：發酵好的麵糊應呈蓬鬆狀、體積約為之前的兩倍。

5 鬆餅機預熱，倒入麵糊、製作鬆餅。

6 完成的格子鬆餅於網架上放涼，趁溫熱食用。

常見酵母種類

配方中使用的酵母是「快速酵母（Rapid-rise yeast）」。市售的乾酵母通常分成「普通即用酵母（Instant dry yeast）」以及「快速酵母（Rapid-rise yeast）」兩種。前者需經過兩次發酵，所需發酵時程較長；而快速酵母則只需發酵一次，即可烘焙。

快速酵母可以直接和麵粉混合使用，不需事先用水溶化調開（當然調開也並無不可），近似一般鬆餅配方中泡打粉的使用方式，不但省時、也比較好操作，即使是酵母新手，也不用擔心失敗。

作者／梅子

南瓜燕麥馬芬

我覺得每家都應該有幾道適合「抓了就走」的私廚早餐品項。而在我家，最受歡迎的攜帶式早餐絕對非馬芬莫屬。我向來不愛市售馬芬，太油、太甜、太多添加物，但自家做的馬芬就不同了，我通常是以一種「把馬芬假裝是夾鏈袋」的心情，用好食材將它塞得滿滿，力求順手取來就能提供早晨所需的營養補給。

我們家的馬芬配方裡通常都有全麥、全穀、或是燕麥等食材，另外，就是不同的堅果種籽，還有果乾果泥等亦常見於配方之中；而香甜的南瓜自然也是我時常使用的食材之一。南瓜體積大、如果一餐吃不完，購回後我會立刻蒸熟分裝，因此，家中冰箱常備有事先處理好的南瓜泥，於烘焙或料理時便能隨用隨取，十分方便。

材料（中型 12 個）

中筋麵粉……75g
全麥麵粉……75g
低筋麵粉……70g
原味燕麥片……100g
無鋁泡打粉……2 小匙
肉桂粉……1 小撮（約 1/8 小匙）
帶皮南瓜泥……160g
（見 P038 南瓜專欄的南瓜處理方式）
雞蛋……2 個
葡萄籽油……120ml
砂糖……85g
紅糖……100g
海鹽……1/2 小匙
香草精……1 小匙
鮮奶……180ml

A 頂飾

南瓜子……適量
粗糖……適量

TIP

- 出爐後，要立即脫模並放置於網架上散熱。
- 葡萄籽油可依各家習慣改用其他植物性油脂，如；橄欖油、酪梨油以及玄米油等。
- 市售的香草精分成純香草精（Pure vanilla extract）與人工調香（Imitation vanilla extract）兩種。本書裡用到的皆為純香草精。

做法

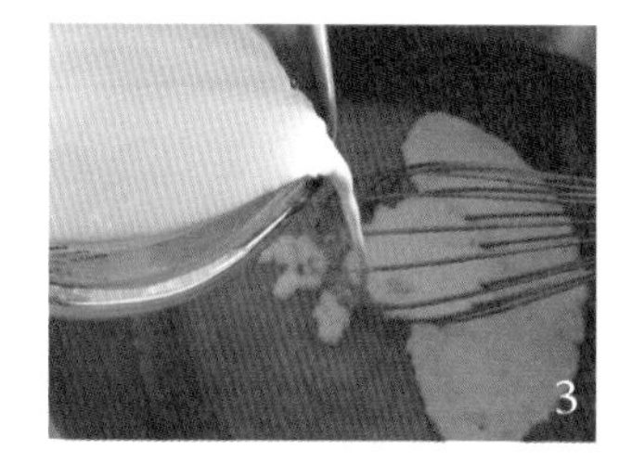

1. 將所有麵粉、泡打粉、肉桂粉過篩，與燕麥均勻混合。
2. 雞蛋打散，與南瓜泥、油、糖類、海鹽、以及香草精均勻混合。
3. 慢慢將鮮奶倒入 2 的南瓜蛋液內，持續攪拌，直到均勻。
4. 將 1 分幾次倒入 3 的南瓜蛋液內，同時輕輕翻拌，直到食材用完，成均勻麵糊。
5. 烤箱預熱至 200℃（約 400 ℉）。麵糊入烤模、上面撒南瓜子以及粗糖裝飾，入烤箱用 200℃ 烘烤 10 分鐘後，將烤箱溫度降至 190℃（約 375 ℉），續烤 7 ～ 10 分鐘。以竹籤插入若無粘黏，即可出爐。

作者／蘿瑞娜

地瓜藜麥饅頭

有台灣之寶美譽的地瓜，含豐富的膳食纖維及各種維生素，並具健胃益氣及抑制癌細胞生長的功效，因此，常被拿來做為排毒養生餐跟瘦身料理。

藜麥是這一兩年來相當夯的超級食物之一，國外的做法大多像北非小米（Couscous）一樣，煮熟後拌著沙拉吃。有朋友曾笑說，雖然藜麥有益健康，但那股「草味」吃起來總會讓人以為自己是頭羊。雖然我希望家人們能多品嘗些健康營養的食材，但也不願他們因為養生而委屈了自己的味蕾。所以，我把藜麥偷偷的藏到他們喜歡的地瓜饅頭裡，饅頭香甜鬆軟也多了份口感，嘗起來毫無違和感。南瓜的造型更是吸引孩子們的目光，還沒上桌，就讓人蠢蠢欲動了！

材料（9個）

中筋麵粉……………………………450g

地瓜泥…………………………………250g

鮮奶（或水）……適量（約 60~80g）

沙拉油……………………………2 大匙

蒸熟的藜麥………………………60g

枸杞

………適量，另留 9 個（當南瓜梗）

糖…………………………………………50g

酵母粉…………………………………8g

做法

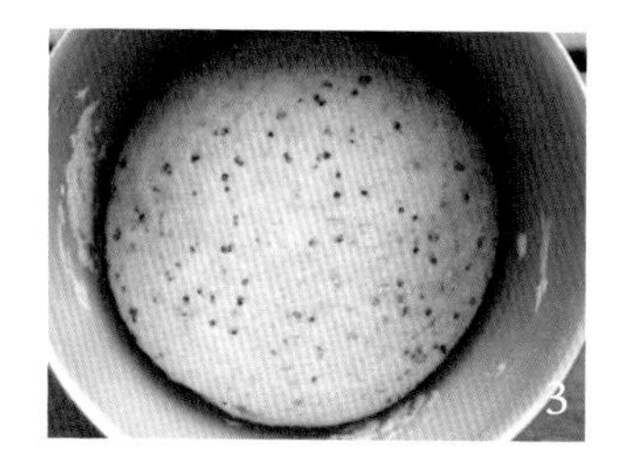

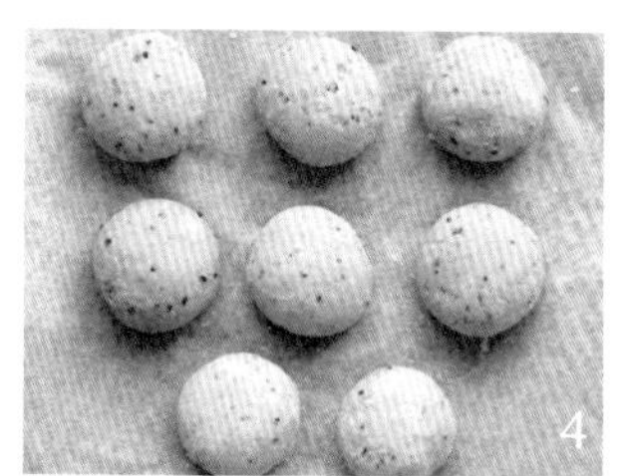

1 將地瓜切塊蒸熟後，用湯匙壓成泥，藜麥洗淨後，像煮米一樣蒸熟備用（藜麥：水＝ 1:1.5）。

2 把麵糰的所有材料混合均勻，揉至三光（麵光、盆光、手光，大概約 15 分鐘）。

3 接著，把麵糰蓋上布，放在室溫發酵至兩倍大（夏天約 30~40 分鐘，冬天約 50~60 分鐘）。

4 將發酵好的地瓜藜麥麵糰分成一份約 95g 的大小，滾圓備用。

5 取一條棉繩（約 50cm）將麵糰先垂直對分捆成四等分後，再捆成八等分後綁好棉繩，接著，取一顆枸杞插在饅頭中心當梗。

6 接著，二次發酵 20~25 分鐘（冬天長一些，夏天短一些），再放入大火燒開的蒸籠中，蒸 12~15 分鐘即完成。

※ 鮮奶或水的用量，可視地瓜泥的濕潤度調整。

蒸饅頭小技巧

- 後續發酵一定要做足，有感覺到麵糰長大膨，才放入蒸籠中，就能蒸出白胖不皺皮的饅頭。
- 鍋子跟鍋蓋中間可以蓋上一塊紗布，吸收蒸饅頭時，低落下來的水滴，也能讓蒸好的饅頭表皮漂亮不皺皮。

作者／蘿瑞娜

燕麥什穀能量棒

這是一款在想滿足嘴饞、嘴巴想嚼個不停的癮時，最常做的點心。滿滿的堅果燕麥及莓果，高纖又補腦，吃了既有飽足感，比起暴飲暴食來說，也少了很多罪惡感。尤其在每年到了春天我的密集健身時期，更是不可或缺的好朋友。

材料（8～10個）

全穀燕麥多穀片 160g

綜合堅果
（核桃、杏仁、腰果、松子等）.. 30g

有機桑椹果（或蔓越莓、葡萄乾）
....20g

有機枸杞.....................................20g

藜麥 20g

奇亞籽黑巧克力（可省略）....20g

椰子油 30g

水..20g

楓糖（或蜂蜜）...........................40g

自製榛果醬................................40g

※ 若沒有自製榛果醬（P084 堅果醬專欄），可把榛果醬的份量，平均加到椰子油及蜂蜜中。

做法

1 將燕麥多穀片放入一大缽中，與水拌勻，靜置約 10 分鐘後，再加入其他乾性材料。

2 把濕性材料（椰子油、楓糖、榛果醬）放入一小湯鍋中，小火加熱，到全部混合均勻融化。

3 接著，把 2 倒入 1 中。

4 用刮刀混拌均勻，靜置 10 分鐘。

5 取一烤盤，在底部鋪入焙焙紙，倒入 4，壓平。再放入預熱好 160℃（約 320 ℉）的烤箱烤 20 分鐘，再翻面回烤 8 ～ 10 分鐘，即可取出。趁著微熱時切塊即完成（放涼才包裝，比較不容易碎裂）。

作者／蘿瑞娜

鮪魚亞麻籽玉米餐包

台式麵包在我們家一直廣受歡迎，這次一樣把亞麻籽加到麵糰中，採用低溫發酵的方式，讓麵包的整體口感更加Q軟有彈性。至於調製鮪魚玉米餡的材料，我有時會用堅果醬來取代美乃滋，一樣具有 Creamy 的口感，但又更加地營養健康。

材料（6顆）

A 麵糰

- 高筋麵粉..........180g
- 中筋麵粉..........60g
- 碾碎的亞麻籽.20g（可省略）
- 雞蛋..........1顆
- 鮮奶..........110g
- 玄米油（或菜籽油）..........30g
- 細砂糖..........15g
- 海鹽..........2g
- 酵母..........6g

B 鮪魚玉米醬

- 鮪魚..........120g
- 玉米..........75g
- 洋蔥....50g（也可用青蔥2支）
- 美乃滋..........40g
- 粗粒黑胡椒粉（或胡椒鹽）..........適量

C 頂飾

- 披薩用起司..........適量
- 乾燥巴西里葉..........適量

※ 洋蔥也可改用青蔥2支；若不喜歡美乃滋，也可以改用無糖堅果醬（P084堅果醬專欄），如葵花籽、松子或腰果醬等來使用。

做法

1 將麵糰材料放入攪拌盆中（液態材料請分次慢慢加入），混拌成糰（攪打約5～10分鐘），蓋上布，低溫冷藏發酵6～8小時。

2 取出發酵好的麵糰，揉壓3～5分鐘後，醒30分鐘（讓麵糰回溫）。

3 把麵糰分成6等份，然後一一滾圓。

4 接著，把圓麵糰擀成橢圓形的麵片，兩端往中心折起，接著，再把兩側往中心收口。

5 將整好型的橄欖型麵糰，中心用刀子劃一刀，稍微往兩側壓，使其成為一船型麵糰。

6 將自製堅果醬（或美乃滋），與其他鮪魚玉米的材料混拌均勻備用。

7 取適量的鮪魚玉米醬鋪在船型麵糰上，撒上薄薄一層披薩用起司，後續發酵 10 ～ 15 分鐘。

8 烤箱事先預熱 190℃（約 375 ℉），將麵包放入預熱好的烤箱烤 15 ～ 18 分鐘即完成。

TIP

・料理影片示範。

作者／蘿瑞娜

亞麻籽蔥花燒餅

富含 Omega 脂肪酸的亞麻籽可謂是素食者的魚油，除了防炎降血壓的功效外，還能強化免疫系統。而它更是我料理時的秘密武器，加了亞麻籽的麵皮會自然散發出一股特殊的香氣。尤其這道亞麻籽蔥燒餅不但養生，又很受家人喜愛，常常做了食譜兩倍的份量，雖是滿滿一大盤，上桌一樣一掃而空。

材料（8 個）

A 麵糰

- 高筋麵粉 125g
- 中筋麵粉 125g
- 亞麻籽 15g
- 砂糖 15g
- 酵母粉 5g
- 菜籽油 .... 15~20g
- 鹽 2g
- 水 170g

B 內餡

- 蔥 60g
- 香油 .... 1 大匙
- 胡椒鹽 .... 1 大匙

C 濃糖水

- 砂糖：熱水 =1:1 .... 20g

白芝麻 .... 適量

做法

1 將所有乾性材料混合均勻後，慢慢加入水，攪打至所有材料成團，再慢慢加入油。

2 用機器（或手揉）將麵糰攪打至三光（麵光手光盆光，此時麵糰會如耳垂般柔軟）。

3 蓋上布（或保鮮膜）放入冰箱冷藏，低溫發酵至少 8 小時（如果可以，放置 12 小時更佳，中途可再取出揉壓麵糰 5 分鐘，再放回）。

4 將所有內餡的材料攪拌均勻，砂糖與熱水拌勻成濃糖水備用。

5 低溫發酵時間到後，取出麵糰回溫 15~20 分鐘，然後，把麵糰擀成長方形。

6 在麵皮中間先放入接近 2/3 的蔥餡，接著，將一邊的麵皮往中間折起蓋上。再鋪上剩下的蔥花內餡，再將另一邊的麵皮折進來蓋上，封口稍微壓緊。

7 在蔥花卷表面塗上糖水，切成 6 或 8 等分，再灑上（或沾上）芝麻。

8 接著，進行二次發酵 25~30 分鐘。

9 烤箱事先預熱 230℃（約 445℉），烤 12～14 分鐘，至表面金黃上色即完成。

早餐提案

奶奶會在早晨五點多起床，為一大家子熬上一鍋米粒晶瑩透亮的白粥，再備好魚肉小菜做為早餐。她常笑著說：『早餐要吃的像皇帝』。就連上了大學在外唸書，她總不忘在電話那頭問我：『你早餐有沒有好好吃？』。直至今日，我依舊還是會想念那一桌的清粥小菜，還有那份要我好好吃早餐的關愛。礙於現實狀況，我或許無法在週間為孩子們備上這樣一桌子愛的料理，但週末的早上，和孩子一起備料、閒聊、悠閒地吃著喝著，絕對是我們家最放鬆、最享受的一段時光。我也深深相信，這將會是日後珍藏在他們心底的一抹春光。

作者／梅子

藜麥胡蘿蔔鬆餅

熟藜麥跟胡蘿蔔本就是我冰箱的常備食材。有時候剛好碰上料理完剩下些零碎材料，便會利用製作鬆餅的方式來出清邊角料。

這道營養豐富的藜麥胡蘿蔔鬆餅做法非常簡單，只需要將食材放入果汁機中打碎，再和粉類材料拌勻即可。胡蘿蔔本身即帶天然的甜味，因此，配方中不使用砂糖；藜麥的添加，則讓鬆餅口感略帶有米製品的軟彈；而楓糖以及香料們與胡蘿蔔的香氣極為合拍，讓人在吃的時候，會直覺地想到胡蘿蔔蛋糕。

材料（6 個鬆餅）

熟白藜麥 200g
（P038 藜麥專欄）

胡蘿蔔 120g

雞蛋 2 個

楓糖漿 2 大匙

清水 2 大匙

香草精 1/2 小匙

低筋麵粉 100g

無鋁泡打粉 1/2 茶匙

海鹽 1 小撮

肉桂粉 少許

薑粉 少許

荳蔻粉 少許

做法

1 在盆內混合所有粉類食材（低筋麵粉、泡打粉、肉桂、薑粉、海鹽以及荳蔻粉）。

2 將藜麥，胡蘿蔔，雞蛋，楓糖漿，清水，香草精等，放入果汁機內攪打成藜麥糊。

3 將 2 的藜麥糊倒入 1 的粉類材料內，輕輕攪拌成為麵糊。

4 平鍋內放少許油，鍋熱後，用紙巾擦去多餘油脂，用中火將麵糊煎黃定型成鬆餅。

配方內使用熟白藜，當然也可以用不同顏色的藜麥替換；若使用台灣原生紅藜，因品種的緣故，藜麥本身的「人參味」會比較明顯。另外，也可以用煮熟的糙米替換熟白藜

藜麥

藜麥（Quinoa），又稱為印第安麥。古印加人把藜麥稱做 Chisaya mama 意為「五穀之母」，在印加文明中有著非常重要的地位。據科學研究顯示，與米、麥不同的是，藜麥富含人體所需的必需胺基酸，如離胺酸，和多量的鈣、磷、鐵以及 Ω3 脂肪酸等，同時也是很好的蛋白質來源，低熱量又能有飽足感，且膳食纖維含量驚人（比白米飯足足高出了 10 倍之多），能促進腸胃蠕動，更能幫助人體降低膽固醇及心臟病的風險。難怪成為近年來流行於世界的超級食物。

藜麥有三種主要品種：紅色，黑色和白色。其中，白藜麥是大家最熟悉也最普遍的，而另外兩種產量較少，由於物以稀為貴，因此，黑藜麥、紅藜麥的價格也比白藜麥價格更高。而台灣本地也有和藜麥非常類似的特有原生作物「台灣紅藜」，近期由臺北醫學大學做的最新研究證實，一天 22 克，能預防大腸癌前期病變的效果。這也是大家在選購藜麥時的另一個選項。

一般料理藜麥的方式和白米相同，可煮可蒸，煮的話，就大概放入滾水中煮 10 ～ 15 分鐘，白藜麥熟成時間最短，黑藜麥所需時間最久，紅藜麥則介於兩者之間。如果你像我一樣喜歡他們所帶來不同的口感與滋味，則混一起烹煮也沒有問題。若是使用大同電鍋，則是與水一比一的比例，跟煮白飯一樣的方式來料理（喜歡軟一點可以藜麥比水 1:1.2）。

雖然國外的料理方式多半使用在沙拉上，但其實藜麥可以被廣泛的使用在各類菜餚中。譬如書中示範的的南瓜藜麥饅頭、藜麥胡蘿蔔鬆餅、堅果藜麥糙米漿、藜麥菇菇燉飯、藜麥蝦鬆、酥炸藜麥鹹酥魚塊，或是像我還會混在餃子、蝦餅餡中……等，都是將藜麥煮（蒸）熟後的變化版。

懶得次次煮的人，不妨多煮一些起來分裝在冷藏或冷凍，就能方便應用並減少備料的時間，希望透過這一系列的分享示範，能讓大家在品嘗藜麥時，有更多元豐富的味覺享受。

作者／梅子

鮮無花果佐蜂蜜堅果優格

居住南加州沙漠的其中一項福利，就是此地的氣候非常適合種植無花果樹，對於新鮮的無花果並不陌生。所謂的無花果，並非真的無花，吃的也不是果實，乃是肥碩的花托，而隱藏在花托內細小茸毛蕊狀的東西才是它的花，連花帶蜜入口，滋味甘甜如蜜、帶點淡淡花香。這幾年在國內農民的努力下，台灣也有很多地區成功栽植無花果，大啖新鮮無花果不再遙不可及，產季時稍加留意，便可添購入手。

新鮮的無花果吃法很多，我們最常拿來當水果搭配優格、切片佐入沙拉、搭配醃肉起司、另外，還能做成蛋糕、點心、入料理、製果醬、曬果乾、揉麵包；除了具豐富的膳食纖維與多種維生素之外，還飽含Ficin酵素（無花果蛋白酶），能提高飲食中蛋白質分解的效率，幫助消化吸收，是非常養人的食物。

材料（1份）

新鮮無花果……2 顆
原味（或調味優格）……1/2 杯
自選堅果（或種籽類食材）……適量（約 1 ～ 2 大匙）
有機蜂蜜……1 大匙

做法

1 將堅果或是種籽放入無油的平底鍋內，於爐火上用小火慢慢烘烤至堅果香氣釋出（見 P084 堅果醬製作技巧），倒出放涼備用。

2 將新鮮無花果去蒂切瓣；先在杯底（或碗底）放入優格，再依序放入無花果、有機蜂蜜，最後，撒上焙香的堅果即可。

TIP

・搭配優格的堅果或種籽類食材，可依喜好自行選擇；核桃、松子、去皮杏仁、去皮的南瓜子、葵花籽、甚至芝麻與亞麻等，都是不錯的選項。

作者／梅子

雙層米布丁烤布蕾

有次為了應付無理點餐的小孩而孤注一擲，把她喜歡的兩道點心組合起來，反倒意外地成了非常特別的餐點：上層是滑嫩的烤布蕾，下層是能吃到濃郁彈牙口感的米布丁，一份餐點、雙層享受。後來我們又自己加了手邊熬好的無花果萊姆酒糖漿，立刻升級成為大人版早餐。組成這道餐點的三層元素都非常營養，因此，雖澎湃豪華，但並無不妥、心安理得。

這一篇裡分享了三個食譜：米布丁、烤布蕾以及無花果糖漿；三者可以合體，也可以各成單品。無花果的生長季短，雖然身在產地，但非產季時，我也常利用無花果乾來烘焙或是料理；經過糖漿熬煮後的無花果乾口感肥厚，有種深沉渾圓的花果香氣，份外迷人；當然也可以使用其他種類的果乾，如杏桃、櫻桃、甚至蔓越莓等替換使用。

材料（2～4人份）

A 米布丁

熟白飯……150g
熟糙米飯……100g
葡萄乾……60g
肉桂粉……1/8 小匙
海鹽……1 小撮
糖……4 大匙
橙皮屑……1 小匙
鮮奶……360ml
清水……360ml

B 布蕾液

煉乳……120ml
鮮奶……240ml
雞蛋（大）……4 個

C 無花果香草糖漿

無花果乾……100g
椰子糖……50g
砂糖……50g
鹽……1 小撮
清水……240ml
蘭姆酒（Rum）……1 小匙
香草豆莢……1 根

※ 若沒有香草豆莢，也可以改用香草精 2 小匙。

TIP

・糖漿冷卻後，還會變得更加濃稠，因此，要留意不要過度熬煮。

做法

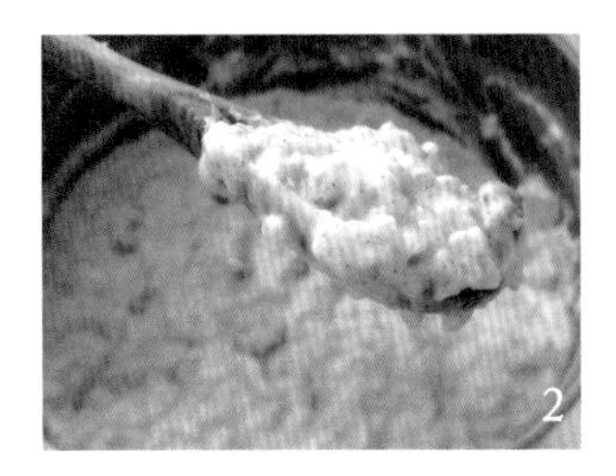

1 將米布丁的所有材料混合均勻。

2 用中小火加熱 1，並不停攪拌，直到所有液體都被米飯吸收，米粒熟軟，呈黏稠燉飯狀，離火，放涼備用。

3 將布蕾液材料混合均勻呈滑細蛋液，過網篩濾掉雜質備用。

4 將米布丁填入烤皿的底部攤平，至半滿。

5 烤箱預熱至 180℃（約 360 ℉）。於米布丁上倒入 3 的布蕾蛋液；將烤皿放置於深烤盤內，再於烤盤內注入熱水，直到能蓋住烤皿一半深度。入烤箱、隔水烤 45 ～ 50 分鐘，或至布蕾層凝固、搖晃容器可感到表面有彈性時出爐。

6 將無花果糖漿的材料放入鍋內煮開（若使用香草豆莢、用刀從中間縱切劃開，露出香草籽，整根豆莢直接入鍋熬煮），之後轉小火熬煮、至略微黏稠的糖漿狀，放涼後使用。

作者／梅子

南瓜可頌麵包布丁

就如多數的美國家庭，我們家也很喜歡在週末或是假期的空檔享受早午餐，而麵包布丁（Bread Pudding）便是一個很好的早午餐點選項。在前一晚事先備料冷藏，於餐前半小時左右塞入烤箱，就可以輕鬆優雅地端上桌了。

通常製作麵包布丁使用的是家中吃剩的隔夜麵包。在歐美家庭中、這往往是類似法國麵包一類的歐式麵包，因為變乾硬了難以直接入口、但卻能夠吸附大量的雞蛋鮮奶液，搖身成為軟彈又略帶嚼勁的麵包布丁。

然而某年聖誕節的早午餐家宴，我改用奶油可頌來製作麵包布丁，濃郁的乳香以及表層的酥脆令人驚艷不已，自此成為家宴傳統，而後衍伸出各種變化；秋天南瓜盛產時，我會在麵包布丁內加入當季的南瓜泥，除了均衡營養以及豐富的口感層次外，我更喜愛的是南瓜與肉桂在烘焙時、瀰漫在廚房裡的甜甜秋意。

材料（4～6人份）

可頌麵包（好市多大牛角）..... 2個
裝飾用杏仁片 .... 適量
装飾用粗糖 .... 適量

A 南瓜蛋液

雞蛋 4個
砂糖 100g
鮮奶 240ml
南瓜泥（帶皮）............... 150g
香草精 1小匙
海鹽 1小撮
肉桂粉 1/8小匙

※ 南瓜泥製作方式參照P046南瓜專欄的料理技巧。

做法

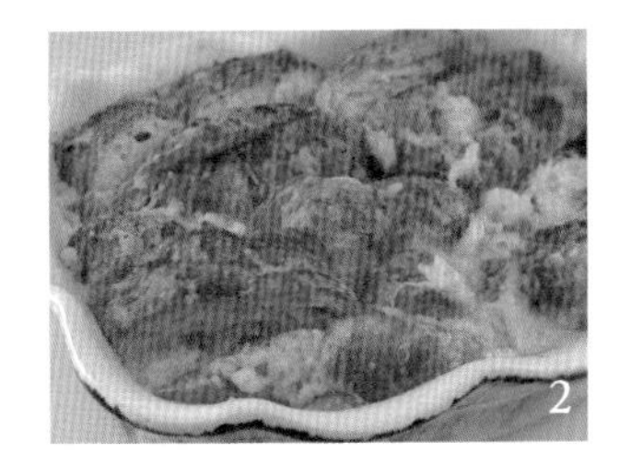

1 將所有南瓜蛋液的材料攪打混合均勻，直到砂糖溶化；可頌麵包切片，排入烤皿內，倒入調好的蛋液。

2 靜置半小時以上（或冷藏隔夜），讓麵包徹底吸收蛋液。

3 在麵包頂部撒滿杏仁片以及粗糖。

4 烤箱預熱至175℃（約350℉）。將烤皿放入另一個較大的烤盤內，在外層烤盤內注入熱水，需蓋過內層烤皿的一半深度。

5 以175℃（約350℉）烘烤35～40分鐘，直到烤皿內不再有流動的蛋液，布丁略微膨脹、輕觸有彈性，且表面呈現金黃色時，即可出爐。

TIP

・非南瓜季的時候，也可以用其他食材替換，如熟地瓜、芋泥、甚至是香蕉泥，都是不錯的選項。

／Column／蘿瑞娜

南瓜

很多人買了顆南瓜回家，最傷腦筋的就是無法一次吃完，切開之後，還得放入冰箱收起來，實在太佔位置。到底，該怎麼讓南瓜好好地被分解利用並妥善保存呢？我自己摸索出一套南瓜N吃，既能分量分處保存，還能同時吃到不同風味的南瓜料理，讓人怎麼吃都吃不膩。

切大塊冷藏保存

用保鮮膜將切面密封包好，放置冷藏保存。這樣的保存時間約一週，如發現保鮮膜出現出水狀況，記得用廚房紙巾擦乾再換上新的保鮮膜，就不容易發霉腐壞。冷藏的南瓜，切塊後，最簡單的就如書中示範般放入烤箱烤成核桃南瓜，也可以拿來燉煮，如南瓜佃煮、南瓜燉飯，拿來拌炒像是鹹蛋南瓜雞丁，或是煮成南瓜雞湯都是很美味的南瓜料理。

切小塊冷凍保存

去籽並將外皮仔細洗淨後，切小塊放在夾鏈袋中冷凍保存。冷凍過後的南瓜，比較適合做成即便是組織鬆散也 OK 的料理，像是南瓜炒米粉、煮南瓜湯，或是做成義大利麵的醬汁等等。

片薄片做成常備菜

將南瓜去籽後，用刨刀片成薄片，然後以糖醋辣椒醃成南瓜泡菜，或是如書中示範的涼拌百香果南瓜。如果不做成常備菜，切成絲後再裹上麵粉入鍋炸，就是超涮嘴的炸物點心。

用剩的蒸熟壓泥冷凍保存

一般我會把一半的南瓜，去籽去皮切塊後，入電鍋蒸熟。如果真的覺得南瓜太硬不好駕馭，也可以洗淨後整顆放入電鍋中蒸，蒸透再切開挖出籽瓤，之後用工具壓成泥即可。壓泥的南瓜，可跟鮮奶（燕麥）打成南瓜牛奶，便成為早餐營養滿分的飲料，或是書中示範的南瓜燕麥馬芬、南瓜可頌麵包布丁、南瓜藜麥饅頭等。

作者／蘿瑞娜

堅果藜麥糙米漿

我很愛米漿，但在瑞典能買到的泰國品種花生，炒不出台灣花生的香氣，口感也比較生硬。於是後來打米漿時，會改用芝麻跟腰果來取代花生。這次的米漿，除了糙米外，還嘗試用了近年來很流行的超級食物～藜麥。打好的堅果藜麥糙米漿，不加糖就非常香濃好喝。

材料（4～5杯）

糙米……2/3 杯
藜麥……1/3 杯
腰果……2~3 大匙
黑芝麻粉……1 大匙
加水到最高水線（1300ml）
冰糖……適量

做法

1 糙米與藜麥洗淨後，瀝乾水分放入豆漿機中。

2 加入腰果跟黑芝麻粉，再加水至最高水線。

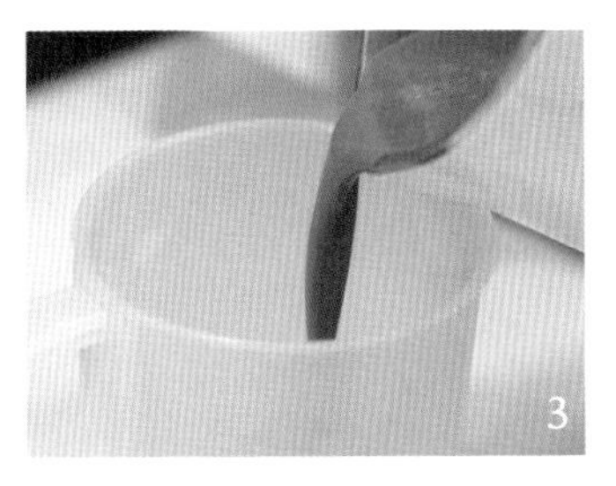

3 選擇【營養五鼓】的功能，按下【啟動】，約莫 20 分鐘就能享用。

還有一種是我近來更愛、可以吃進全食的做法。把除堅果外所有的材料放入電鍋中蒸（煮）熟，再與其他食材全部放入破壁機（或果汁機，但可能需要過濾）中打成漿，更能吸收到全穀物的營養。

作者／蘿瑞娜

楓糖什錦穀麥佐優格

什錦穀麥（Granola）是我推薦給想嘗試燕麥類料理的朋友，最入門、也最受歡迎的款式。相對接受度比較高的玉米片（Cereal）而言，Granola 保留了穀物原本的外型，含有更多的纖維質及營養。更讓人喜歡的，是可以依照自己的喜好添加堅果、果乾等天然食物，再加入楓糖（或蜂蜜）及椰子油拌匀烘烤，讓整體帶著誘人的金黃色，吃在嘴裡更是酥香脆。搭配鮮奶或優格一起享用，也不會泡軟，口感更好。

材料（1罐）

A 液體材料

椰子油 ....1 大匙
楓糖 ....6 大匙

B 乾性材料

即時燕麥片 150g
南瓜子 25g
松子 25g
杏仁碎 25g
核桃碎 25g
白芝麻 ....20 g
椰子片 30g
熱帶水果綜合果乾..........35g
葡萄乾 25g

做法

1 將乾性材料中 1 ～ 6 的材料放入一大缽中。

2 再將乾性材料中的椰子片、綜合果乾及葡萄乾放入另一個缽中。

3 另取一小缽，放入液體材料，微波加熱至椰子油融化。

4 將液體材料加入 1 中，拌勻靜置 5 ～ 10 分鐘。

5 將烤盤上鋪上一層烘焙紙，把 3 均勻地鋪平在烤盤上。

6 放入預熱好 150℃（約 300 ℉）的烤箱中，烤 15 分鐘，轉一邊再烤 12 ～ 15 分鐘，到全部金黃上色，即可加入椰子片及果乾葡萄乾，放涼後裝罐。

作者／蘿瑞娜

羽衣甘藍青醬佐棍麵包

松子與青醬，應該是我初入門義大利料理時，最鍾愛的組合。少了白醬的濃郁厚重、紅醬的酸澀黏膩，還有著我愛的堅果、大蒜及羅勒清新的香氣，再加上簡單製作，又能百搭料理，對我來說，是每個主婦冰箱裡都該常備的一款西式調味醬料。不管是一開始常做的松子青醬義大利麵，或是之後開始變化的青醬燉飯（炒飯）、青醬千層焗麵、青醬烘蛋，亦或是單純地會來當成長棍麵包的抹醬，都非常美味。

羽衣甘藍之所以能在歐美飲食界刮起一陣炫風，主要是因為它低卡高纖、抗氧化，而且還富含維他命 C 與鈣質。這回把部分的羅勒改用羽衣甘藍取代，讓家人享受美食的同時，又兼顧到營養健康，可謂一舉兩得。

材料（約 1 罐 450ml）

羽衣甘藍……120g
羅勒葉……60g
綜合堅果……45g
（核桃、腰果、松子、杏仁）
帕瑪森起司粉（Parmesan）……30g
橄欖油……100g
蒜頭……4～6 瓣
鹽……10g
粗粒黑胡椒粉……5g
市售棍麵包……適量

※ 若沒有買到羽衣甘藍，也可改用菠菜取代。綜合堅果可使用核桃、腰果、松子、杏仁等。

做法

1 羽衣甘藍切小段氽燙後，瀝乾水分備用。

2 堅果放入不沾鍋中，乾鍋中火炒香。

3 依序把羽衣甘藍、羅勒、綜合堅果、橄欖油、大蒜、起司粉及調味料放入果汁機中，攪打成細緻的糊狀。

4 放入消毒烘乾過的罐子中（建議用 500ml 大小）。

TIP

- 保存時建議放八九分滿，上面再倒入橄欖油，如此可藉由油封，讓青醬保持漂亮的綠色。
- 食用方式：可直接佐著切片棍麵包食用，或在棍麵包上抹上一層青醬，再撒上一些披薩用起司，放入預熱好 200℃（約 400 ℉）的烤箱中烤至金黃。也可當沙拉醬，搭配烤雞胸肉與沙拉葉拌著吃。

／Column／梅子

在家中一隅留著一抹春光～香草、食用花卉、芽菜

關於我花了好幾年、大費周章闢建自家菜園的這件事，我爸常不以為然地說：『花那麼多時間搞這個？外面買還比自己種更便宜！！』當然也有支持者：『現在外面蔬菜農藥多，還是自己種比較安心～』

然而，我自己種菜的真正原因，是希望能從「感受原食材」來深刻體會何謂真正的「料理」。擁有自家菜園，讓人在食物面前懂得尊重與感恩、在自然界浩瀚的智慧前謙卑、在料理的背後觸摸到真誠與感動。這是生命中無法用任何實物來衡量的價值與學習。

從汗流浹背的翻土、除草、備地開始，而後親手種下種籽，親眼目睹它們成長茁壯、開花結籽的過程，享受收割的美好。若非親自體驗這一切過程，美食對於我的意義、可能也就停留在滿足口腹而已。

自耕的生活其實很辛苦，面對的更多是耐力和毅力的考驗。

一季的收成要用整年的時間培土，要達到園內生態的和諧共存更是多年不懈的堅持。但也因為如此，我們學會愛惜糧食資源，對於桌上一盤不起眼的菜，有了更多的珍惜與尊敬，深深地牽引著我對於飲食的態度以及看法，也是人生難得的體驗。

很慶幸多年下來仍未改初衷，到目前為止，小菜園已經可以在產季提供家裡大部份的蔬菜所需。更重要的是源源不絕地供應多種香草以及各種食用花卉，讓我能奢侈地盡情運用在日常料理之中，發揮出食材的最大效益。

要說到飲食與生命根本之息息相關，我不禁想起台灣本土女性文學家蕭麗紅的小說《桂花巷》，書中女主角高剔紅在父母雙亡後的貧困中獨自撫養弟弟，一天忙碌之後，在陰暗的小屋內，取出放置於床板下的大缸掏著自己蔭發的豆芽菜的那一幕。

在那物資缺乏的年代，貧苦人家都會發豆芽，一把綠豆就能換得整缸的豆芽，是非常具經濟效益的蔬菜。在富饒的現今，比起唾手可得的各類鮮麗食材，豆芽菜顯得渺小而不起眼；不曾想像這樣謙卑的蔬菜，曾經是多少人家維持生活的方式。高剔紅的一缸豆芽把那種困中求生的奮鬥描寫得深刻無比。從那時候開始，我便對豆芽菜自然地生出了敬意；市售豆芽固然容易購得，但手中這把自家的豆芽，卻讓人有種與食物建立深厚情感並懷著感恩心情的意義。

人只要離開食物的源頭久了，對於日常飲食也會慢慢變得不明究理，對於生活的根本漸漸地冷淡與無心。因此，對我來說，無論是手中的一把豆芽、窗前的一盆香草或是園中的花卉蔬菜，都意寓著重新與飲食和土地連結的涵義。

國外的居住環境在空間上的確佔優勢；但我接續要分享的是幾種彈性且不受氣候與空間限制的芽蔬種植方式。由衷地希望若你有一方空地、一簷窗台、一捧泥土、甚至是一只玻璃罐；無論是種植幾盆容易照顧的香草、親手發些白胖的豆芽菜，都能夠親身體會耕耘的感動，重新聯繫起與飲食的情感。

a：鑲嵌著繽紛堇菜的法式薄餅，吃的是春季迷人的色彩

b：用糖漬保存的矢車菊，亦戲劇性地保留了花色，用來泡茶，仍能品嘗出恬淡清雅的菊香

c：初夏滿園的蝦夷蔥花。淡紫色的花朵除了裝點料理，更增添了撲鼻的蔥香

d：新鮮採收的園中香草，豐盛地擺滿了桌面，有去了趟農夫市場的錯覺。由前到後為：檸檬羅勒（Lemon Basil）、義大利瓜花（Zumlhini Flower）、泰國九層塔（Thai Basil）、英國百里香（English Thyme）、寬葉鼠尾草（Broadleaf Sage）、甜羅勒（Sweet Basil）以及夏風輪菜（Summer Savory）

吃芽菜的好處

以比重計算，芽菜的營養遠超過長成的蔬菜，儲存於種子中的能量會在發芽時釋放，因此，芽菜富含植物賴以生長的重要激素，營養價值正值高峰期。芽菜還含有非常豐富的礦物質與維生素，發芽後的維生素含量往往遠超過種籽的階段，並在發芽的過程中產生蛋白酶（Proteolytic enzymes），讓養分變得更容易被人體吸收。

家庭發芽好簡單

如果你渴望享受自耕，卻苦於室外沒有適合的空間，不妨嘗試於室內經營幾盆芽菜開始做起。許多芽菜在 5 ～ 8 日內就能收成，佔地極小，也不受氣候限制。接下來，就和大家分享綠豆芽、玻璃瓶蔬菜芽、以及盆栽蔬菜芽等幾種簡單的栽種方式（P082 雜蔬芽菜涼麵）。

自發綠豆芽

綠豆芽是我家冰箱的常備蔬菜；無論清炒、涼拌、捲餅、拌麵，樸實清爽的豆芽菜都能謙虛地添補一餐。在家裡自發豆芽非常簡單，一杯量米杯的綠豆，大約可發出將近 1 公斤的豆芽。 器材也很簡單，只需利用家裡現成的容器、綠豆跟清水，大約 4 ～ 6 日就可以發出成堆的豆芽菜，一天花不到 5 分鐘的時間，亦無需任何特殊技巧。家中的孩子也可以參與整個過程，一方面觀察豆芽生長情形、一方面鼓勵小朋友自己動手種植蔬食，享受自耕自食的樂趣。

發豆芽只有兩個原則：

・使用乾淨的容器、勤沖洗，避免發霉、污染。

・切實避光，避免過度的光合作用造成植株纖維化。

另外，在發芽過程中**適度壓以重物**，可以幫助豆芽長得粗壯、白莖的部分修長。

左邊的豆芽經過重壓，比右邊未經重壓的豆芽更為粗壯

材料

綠豆、瀝水盆（或是有密集洞孔的容器）、夾鏈袋（或是可以遮蓋容器保濕的素材）、重物（厚重書本、盤子）

做法

1

2

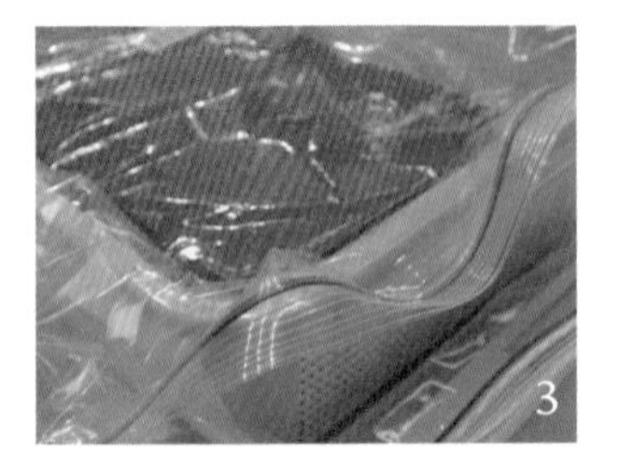

3

4

5

6

7

8

1 將綠豆用冷水浸 12 ～ 24 小時。綠豆會開始發脹、並冒出白色的芽尾。

2 將浸泡完成的綠豆平鋪在洞孔容器內，挑出破碎斷裂的豆子，並沖洗乾淨。

3 將洞孔容器放入夾鏈袋內（這個動作是為了避免水氣過度蒸發），直接壓上重物。袋口不要密閉、保持袋內空氣流通，放置陰暗無光處（像是通風、非密閉的櫥櫃內）。

4 每日將容器取出於水龍頭下沖洗 2 次（天氣濕熱時，必須增加沖洗次數）；沖洗時要俐落迅速，盡量不讓豆芽曝光太久，動作需溫柔輕巧，不要碰斷豆芽伸出容器洞孔的根部。之後依照上述方式放回袋內壓上重物，繼續於陰暗處發芽。

5 大約 48 ～ 72 小時，就可以看見豆芽已經很粗壯了。

6 我一般會等到芽葉長出時進行採收，夏季大約 4 日、冬季大約 6 日左右。採收的時間可以看各家需要調整。但芽葉發出後，就不宜再繼續種植，以免植株開始纖維化（就是變老）。

7 從洞孔容器底部將大部份的芽根斷除，方便採收。

8 將發好的豆芽菜放入清水中漂洗幾次，豆殼就會自動分開沉底，撈起來的就是白淨的綠豆芽。

豆芽菜問與答

Q: 豆芽發酸、發臭

A: 通常在發豆芽的過程當中發生變質酸臭，是因為排水不良或是清洗不夠勤快造成。另外，在發泡豆子的初期，將破損的豆子揀出是非常重要的步驟，因為這些破損的豆子會在發芽的溫度與濕度中開始腐敗，影響整盆芽菜。也因此，使用優質的乾綠豆是非常重要的，不然若是整批裡有太多失去活力、無法發芽的豆子，會在催芽過程當中造成腐敗的狀況。

Q: 豆芽的根部發黑萎縮

A: 豆芽根部發黑通常是因水分不足，造成根部萎縮。每次沖洗後不需要瀝太乾，只要確定沒有積水就好，袋子裡的環境需保持略微濕潤，如果氣候太過乾燥，就需要酌情灑水。

Q: 發好的豆芽菜頂部呈現褐紅色，又或者燙熟的豆芽變成淺藍綠色

A: 這是發豆芽的過程中避光不夠確實、或者是發芽時間過長，有少許的光合作用所致，視曝光的程度，生豆芽帶點褐紅色，燙熟有時會呈現灰藍色。其實不用擔心，下次避光做好一點（或是早收成半天），應該就會改善。

Q: 一定要壓重物嗎？什麼會影響豆芽的粗細？

A: 我自己的做法是全程都壓著重物一直到收成。不壓重物的豆芽可能就會比較細小，但自家吃若不介意外觀，不壓重物也可以。 另外，我發現氣溫也會影響豆芽的粗細。夏季的室內氣溫高，豆芽生長迅速，若所壓重物的重量不夠，很容易變得細長，冬季天氣冷，相對生長速度慢，這時候發的豆芽比較肥胖。不過無論高矮胖瘦，都是好吃的自家豆芽。

玻璃瓶蔬菜芽

利用玻璃空瓶發蔬菜芽，應是最省空間的自耕模式。類似上述發豆芽的水耕法，幾日就可以收成。每逢盛夏酷暑小菜園休耕時，桌面上的幾瓶蔬菜芽總能帶給我極大的撫慰，隨手添入沙拉或是三明治，爽脆清甜的口感能讓人暫時忘卻屋外的高溫與烈日。

材料

各種適合做為芽菜的種籽（如：蘿蔔、白菜、青江菜、苜宿芽、高麗菜、甘藍菜等）、細紗網、橡皮圈（或是密封蓋的螺旋鐵環、鐵片不用）

做法

1

2

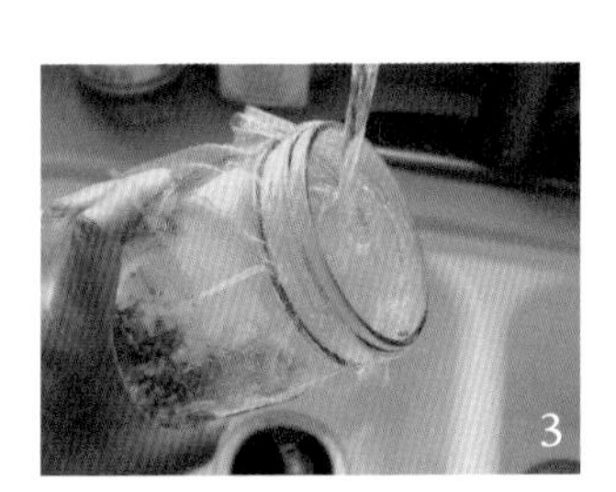

3

4

5

6

1 在乾淨的玻璃瓶內裝入適量的種籽。種籽發芽後體積會增加許多，所以視容器大小，種籽的份量大約 1 ～ 2 小匙便已足夠。

2 用紗網及橡皮圈（或是螺旋鐵環）覆蓋瓶口並固定；於瓶內注入清水，將玻璃瓶放置於陰暗處，浸泡種籽約 24 小時。

3 第二日開始，沖洗種籽：於瓶口紗網處注入清水後搖晃數次，再將水倒出瀝乾。如此重複 2、3 次，完成一次沖洗。每日需要沖洗 2 次，另氣溫濕度高的時候，需要增加沖洗次數。

4 利用大碗或是晾碗架倒扣玻璃瓶，讓瓶內多餘的水份滴出。這個步驟非常重要，種籽喜歡在濕潤的環境發芽，但不能積水，不然會造成腐敗而失敗。

5 十字花科的蔬菜，如花椰菜、白菜、芥蘭、蘿蔔等、或是苜宿芽一類，發芽速度快，大約 3 ～ 5 日就能見芽。

6 大部份的蔬菜芽於 1 週至 10 日左右、就能夠長出母葉，即可收成。完成的芽菜洗淨後可以冷藏保存 2 ～ 3 日，但最好盡快食用。

苜宿芽三明治

盆栽蔬菜芽

利用盆栽方式發芽的好處是，可以將採收時限延長直至菜苗階段，並且分批採收。如果空間以及種植環境許可，最終還能留下幾株繼續種植或移植、養成蔬菜；盆栽本身也可成為非常有趣的室內裝點。

料理食譜：P082 雜蔬芽菜涼麵

材料

花盆或任何底部有排水洞孔的容器（我喜歡使用瓦盆）盆栽土、廚房用紙巾、種籽、水霧噴瓶

做法

1 盆栽土由袋內取出後、先混入適量的水成為濕潤狀，再填入容器內，於土面平鋪潮濕的紙巾（這是為了讓採收芽菜時乾淨不沾土）。

2 於種籽上噴水霧，讓整體濕潤。

3 容器頂部加蓋避光（我使用剪開的紙箱板），每天固定噴水霧保持潮濕，直到種籽開始發芽。

4 發芽後就可以取下紙板，移到陽光充足的窗口，像照顧一般盆栽般噴水霧或澆水，保持土壤濕潤。

5 待長到一定高度，就可以開始剪下食用。每次可以只剪收一部份，依需要分幾次採收。

兒時在台灣求學，對於午餐這件事沒有太多的印象，記憶裡多半是學校蒸飯箱的味道，急匆匆地扒飯、午休，然後接續著下午的課業。那時候午餐等於毫無感情地完食一個延續體力的鐵盒子，至於裡面裝得是什麼、根本一片空白。

來美國以後，對於「早午餐（Brunch）」的存在興奮不已，才懂得原來午餐也是個可以放鬆與享受的時段。近幾年大概是年紀漸長，漸漸發現自己若是在「午晚餐（Linner or dunch）」的時段進食，夜間較不易積食，長此以往，身體感到很輕鬆，於是中午這頓有時會變成我一天之中最重要的一餐。人體在日間活動量最高，在這個時段中進食能夠平衡血糖、提高新陳代謝、並補充大腦運作所需養分；更重要的是放下手邊的忙碌緊張，好好享受一餐美味補給所帶給心靈上的莫大撫慰。

日間的飲食，我喜歡盡可能地清爽簡單，補充體力能量之餘，也注意不帶給身體過多的負擔。因此，高纖、口感與飽足感豐富的各種葉菜、根莖、芽菜等，是設計午餐時的主要食材取向，同時也搭配適量蛋白質食材，兼顧營養均衡。

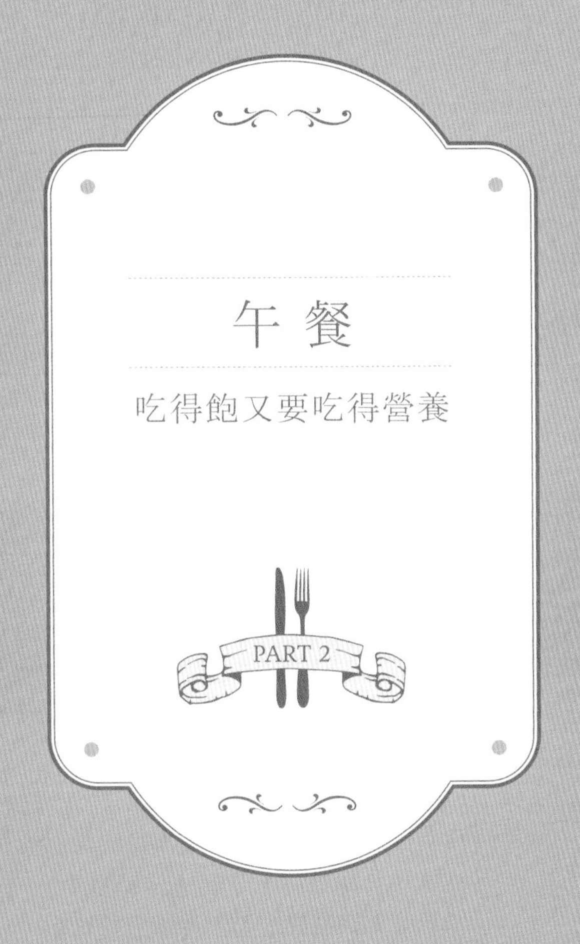
午餐
吃得飽又要吃得營養
PART 2

便當合宜

其實很多的料理都適合帶便當。只要製作時稍微設計，使用適合再加熱或是常溫享用的蔬菜，將醬汁跟料理分開放置，就可以很順利地將美味帶出場。需要注意的是無論攜帶外出、或是冷藏儲存，都需要等菜餚降溫至不再冒出水氣後再裝盒加蓋。

作者／梅子

胡蘿蔔葉羊肉枸杞餡餅

胡蘿蔔從上到下都是寶，就連葉片的營養成份在這幾年都受到歐美飲食界的高度重視。站在主婦精打細算的立場，一株胡蘿蔔就有一大把的綠葉，若能應用於料理中，自然是不容浪費。由於胡蘿蔔葉的纖維比較粗糙，再加上因富含的礦物質及維生素而略微苦澀；因此，即便知道營養，西式料理的廚師們，常把胡蘿蔔葉視為難搞的食材。

相較之下，胡蘿蔔葉於中式料理中反而更容易發揮，尤其是切碎後摻入肉材內做成餡料，口感就跟一般葉菜一樣；雖是葉片，仍保有胡蘿蔔香氣，我覺得與羊肉非常合拍，再添加枸杞子做成餡餅內餡，清香微甜、溫補滋養。搭配羊肉餡餅，我個人偏好摻用玉米粉做的雜糧餅皮，淡淡的玉米香氣為整體風味增添了深度。但家中其他食客喜愛白麵餅皮的口感，因此，我會準備白麵與玉米麵兩種麵糰，也將兩種燙麵配方都記錄於此，供大家選擇。

材料（約 12 個餡餅量）

A 胡蘿蔔葉羊肉餡

- 胡蘿蔔葉 120g
  （請見 P074 邊角料專欄）
- 羊絞肉 500g
- 洋蔥 100g
- 枸杞籽 35g
- 花椒粒 .... 1 小匙
- 熱水 160ml
- 鹽（依喜好加減斟酌）... 1 小匙
- 紹興酒 .... 1/2 小匙
- 糖 .... 2 小匙

B 純麵餅皮（6 份）

- 中筋麵粉 300g
- 熱水（80℃，約 175 ℉）
  .... 180ml
- 鹽 .... 1 小撮

C 玉米餅皮（6 份）

- 中筋麵粉 200g
  ＋玉米粉 100g
- 熱水（80℃，約 175 ℉）
  .... 180ml
- 鹽 .... 1 小撮

餅皮做法

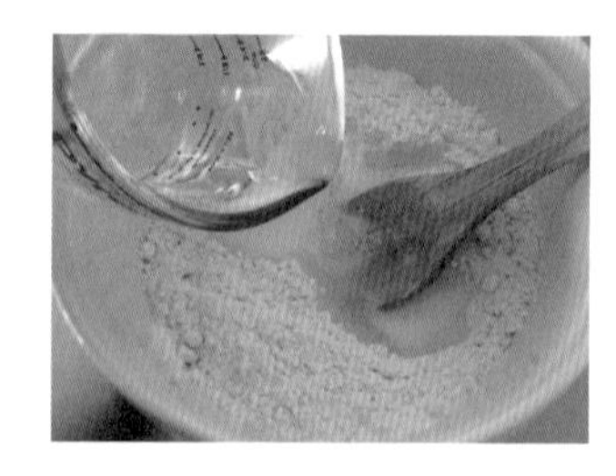

1 將麵粉（或是玉米粉＋中筋粉）以及鹽放在盆內，緩緩沖入熱水。

2 用木湯匙不停攪拌、直到麵糰成為絮狀，改用手壓按成團。

3 將麵糰攏成圓球狀，密封包起、放入冰箱冷藏至少 2 小時（或隔夜）備用。

羊肉餡做法

1 胡蘿蔔葉入滾水快速汆燙後，撈起來泡冷水，降溫備用。

2 花椒用熱水浸泡 30 分鐘後，撈出，只用泡過花椒的水；枸杞子沖洗乾淨，洋蔥磨細成茸泥狀，胡蘿蔔葉擠乾切碎。

3 將所有食材攪拌混合成為餡料，入冰箱冷藏至少 1 小時（或隔夜）備用。

餡餅做法

1 將麵糰取出，揉搓成長條，分割成 6 份，分別擀成薄餅狀，中間放入適量餡料。（兩種麵糰整型方式相同）

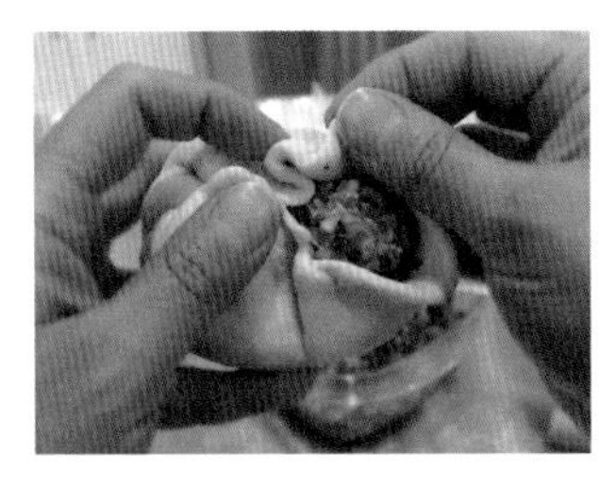

2 沿著麵皮邊緣折起，像包包子一樣，然後捏合開口，輕輕壓扁成餅狀。

3 燒熱平底鍋，倒一點油，排入餡餅生胚，於鍋底倒 2、3 大匙清水，加蓋以中火煎。

4 待水份蒸發，底部呈金黃色，將餡餅翻面，再將另外一面煎黃，即可起鍋。

TIP

- 餡餅放涼後，可以再用平底鍋或是小烤箱中小火烤熱回溫。
- 羊絞肉也可以用豬、雞、牛絞肉替換。
- 這裡使用的玉米粉（Corn flour）為玉米打磨成的粉末，常被應用於麵食製作，而非勾芡用的玉米澱粉（Corn starch）。
- 我同時使用玉米餅皮以及純麵餅皮，若單獨製作一種餅皮，只需將材料份量 ×2 加倍即可。

配角的完美轉身，廚房邊角料應用

很多美食發明之始，都是因為對於手中食材不離不棄的那份執著與珍惜。

於是在暢談美好生活之餘，無法不來聊聊邊角料在廚房的一席之地。自耕之後，更加懂得珍惜天賜的食材。我深信小如日日飲食，都必須對於食物、對於環境，長存感恩愛護之心。

我會將胡蘿蔔頂部免費贈送的大把綠葉當成蔬菜來處理，混合肉類製作餡料，也會剁碎混入羹湯。大白菜底部粗硬的菜梗、用鹽抓漬出水後十分爽脆。處理蘑菇時，順手摘除的蘑菇梗，我會收集起來冷凍保存，之後或攪泥做濃湯、或剁入肉類提鮮、或用來吊高湯調味。

橙季因大量吃橙而產生的果皮，或風乾、或糖漬，之後用來清潔、入菜、泡茶，絕不允許絲毫浪費。書中介紹的幾個食譜，如：紅藜蝦鬆，酸辣嗆白菜，涼拌白菜滷牛腱絲，胡蘿蔔葉羊肉枸杞餡餅，蔬菜肉丸貓耳湯等，都是上述邊角成功再生的例子。總之，除了實在無法利用的部份送到自家菜園的肥堆化做春泥，從嫩葉果肉到外皮硬梗都要徹底應用，幾乎達成零垃圾。

必須誠懇地說，我實在無法用「簡單方便」四字來形容於料理中應用邊角料這件事情，有時候甚至還會因為這些「再利用」的繁冗手續而感到有些麻煩。只能時時謹記，這原本就是秉持著不暴殄天物的美德在執行。人們習以為常、順手一扔的便利，糟蹋了多少世間糧食，然，殊不知若有心而為之，這些廚餘亦能逆轉那本會被拋棄的命運，重生成為另一種素材，延續著美味手作的溫度與感情。

廚餘的再利用之於我，應是種想要把日常中的最微小，也活個淋漓盡致的渴望，那種對於認真生活的炙熱與期許，最終得以在料理中實踐、在手作中成就。在我看來，這種真摯與用心，才是料理人該有的本心。

風乾橙皮的應用

以橙橘為例，享受酸甜滋味的同時、順手將橙皮風乾是很直覺的邊角利用方式。南加州冬季乾燥，我通常只要把剝下來的橙皮攤平，在室內就能夠自然風乾。我媽則喜歡用棉線將橙皮串成一串，掛於通風處晾乾。再不然，攤平於烤盤上，用 94℃（約 200 ℉）左右的低溫，慢慢地烘烤至乾透也可以。

橙皮風乾後、可整可碎，也能研磨成粉末狀，用途很多。以下介紹幾種風乾橙的應用方式：

橙香鹽（左上圖）

1大匙研磨好的橙皮粉末、3大匙細鹽（我偏好用喜馬拉雅粉紅鹽，即玫瑰岩鹽）、1大匙黑胡椒粉，攪拌均勻即可；食材比例可依照喜好調整。橙香鹽非常適合用在肉類焗烤，也可以做海鮮料理的提味鹽。

橙香（橘皮）鍋煮奶茶（上中圖）

風乾橙皮與紅茶茶葉冷水下鍋，煮滾後，以小火熬個幾分鐘再放入鮮奶，煮滾前熄火，即可享用。我有時還會加幾朵玫瑰花一起煮，另有一番風味。

天然潤膚橙香磨砂膏（右上圖）

1大匙橙皮粉末、4大匙砂糖、180ml有機椰子油，攪和均勻（椰子油在室溫較低的時候會固化）。使用時，挖出適量，於皮膚粗糙乾燥處輕輕揉搓按摩，之後，再以清水沖洗乾淨即可。

製作適合冬季的熱飲香料、鍋煮薰香（Mulled spices & stove-top potpourr）

歐美國家喜歡將幾種烘焙中常用到的香料混搭起來，稱其為Mulled spices。這種混合香料的氣味充滿了冬季的節慶氣氛，多以乾橙皮、肉桂、丁香等為主，另外，再依地域喜好延伸出多種配方。

我的混合方式（份量不計自行調整）如下：將風乾橙皮切成小塊、肉桂條敲碎（橙皮肉桂佔大量）、加入少許丁香、荳蔻皮（Mace）、杜松子（Juniper Berries）、白荳蔻（Cardamom）、八角、香草莢（剪斷），混合均勻即可。

完成的混香可用來煮非常受歡迎的熱香料紅酒或是香料蘋果汁。另一種用途則是拿來薰香：香料加水、入小鍋用文火加溫熬煮，讓香氣釋出，可以讓整個屋子裡充滿甜蜜的香味。混合好的乾燥香料也可裝瓶裝袋，做為別緻的手工贈禮。

無毒橙香清潔粉

1杯（240ml）小蘇打 + 4大匙橙皮粉末，調勻即可。使用時，取一些清潔粉加清水適量調成膏狀，即可用海綿蘸起、擦拭水槽、爐頭、水龍頭、鍋具廚具等，除了清香、除污漬、還有點小拋光效果，最重要的是天然無污染，之後只要用清水擦拭乾淨即可。

作者／梅子

辣味雜蔬燜飯

我和家人每週都會挑一天做為蔬食日，目的是響應「週一無肉日運動（Meatless Monday Movement）」，減少全球肉類攝取、降低畜牧業廢氣，從改變飲食習慣做起、為地球節能減碳。為了倡導分享這個運動，我的部落格中有一系列「無肉亦歡」的蔬食記錄，這道辣味雜蔬燜飯也收錄其中，是我們全家都非常喜愛的無肉料理之一。除了五穀雜糧，還包含各種口感豐富的蔬菜豆類，讓人完全忘了這是蔬食。

這道料理使用了新鮮的鷹嘴豆，它的風味跟毛豆十分相近，也有三分像花生，因此，食譜中的鷹嘴豆也可改用毛豆、花生、蠶豆等食材替換。雖然國內少見，不過近幾年也漸漸開始引進種植，再者大家對於乾燥的鷹嘴豆也相當熟悉，我就不避諱使用，並當成食材資訊連帶介紹了。

米飯部份則摻用了糙米以及雜糧穀類，為了避免夾生，浸泡的步驟十分重要。明火煮飯略有難度，關鍵在於最後加蓋燜的 15 分鐘，讓米粒徹底吸收水氣。若是沒有把握使用爐火煮飯，也可以將米飯放入電鍋蒸熟後，再拌入炒好的佐料食材，之後一起回鍋蒸透即可。燜飯適合加熱，因此做為便當料理非常方便，如果能夠當天早上製作，當成常溫便當也非常好吃。

新鮮鷹嘴豆

材料（4～6人份）

白米……2量米杯
糙米……1量米杯
洋薏仁（去皮大麥）……1/2量米杯
白藜麥……1/2量米杯
清水……4又1/2量米杯
胡蘿蔔……100g
筍丁……100g
蘑菇丁……200g
新鮮鷹嘴豆（去殼）……100g
白果……70g
四季豆丁……100g
乾辣椒……3～5根
蒜蓉……1大匙
薑末……1小匙
砂糖……2大匙
醬油……3大匙

做法

1 將所有米飯穀類混合、沖洗乾淨後瀝乾，直接放入煮飯所使用的鍋內，倒入4又1/2量米杯的清水，於鍋內浸泡1個小時。

2 將所有根莖蔬材切成適當大小。

3 起油鍋，放入乾辣椒、蒜蓉、以及薑末爆香，再放入蘑菇片煸炒至乾爽。

4 倒入其餘蔬菜，入砂糖、醬油調味。

5 用大火翻炒片刻，至大部份蔬材6、7成熟。

6 將4倒入1的鍋內，大火煮開後，轉為小火、加蓋並保持微滾，燉煮8分鐘，之後關火、加蓋燜15分鐘即可。

作者／梅子

雜蔬芽菜涼麵

講到多吃全食物，個人極推崇涼麵這樣一目了然的料理方式，或葷或蔬，都能保留食材最原始的風貌；我喜歡在涼麵裡拌入大量的蔬菜，淋漓盡致地吃下一大盤。無論是自家菜園的鮮蔬、廚房窗前的香草芽菜，都常被拿來做為涼麵豐富的配材，偶爾我會懷疑自己其實更愛的是涼麵醬。那以芝麻跟花生醬做基底的濃郁醬汁，依照料理時的心情調味，有時酸、有時辣，除了拌麵之外，用來搭配燙菠菜、手拆雞絲、甚至當成沙拉醬拌生菜都好好吃，即使畫面中缺了麵條，似乎也並無妨礙。當成攜帶式午餐時，可以將麵條、蔬菜配料、涼麵醬等各自分開放置，用個冰袋保持涼爽；食用時麵條的部份可以稍微加溫，再連同其餘食材拌勻即可。

材料（2人份）

A 蛋皮

- 雞蛋……2個
- 玉米澱粉……1小匙
- 清水……2大匙

B 涼麵醬汁

- 花生醬……50g
- 芝麻醬……75g
（可用市售。若是想自製花生醬或是芝麻醬，請見P084堅果醬專欄）
- 熱水……120ml
- 糖……30g
- 蒜蓉……30～40g
- 醬油……2大匙
- 麻油……1大匙
- 海鹽……適量
（喜歡椒麻的，亦可搭配三椒鹽，見P196天然調味料專欄）

C 拌麵

- 油麵……350g
- 油脂……1大匙
（如橄欖油或葡萄籽油）

- 蛋皮……適量
- 胡蘿蔔……60g
- 小黃瓜……100g
- 綠豆（燙熟）……150g
- 綜合鮮採芽菜……適量
（見P054芽菜種植專欄）
- 青蔥……適量
- 熟花生（敲碎）……適量

做法

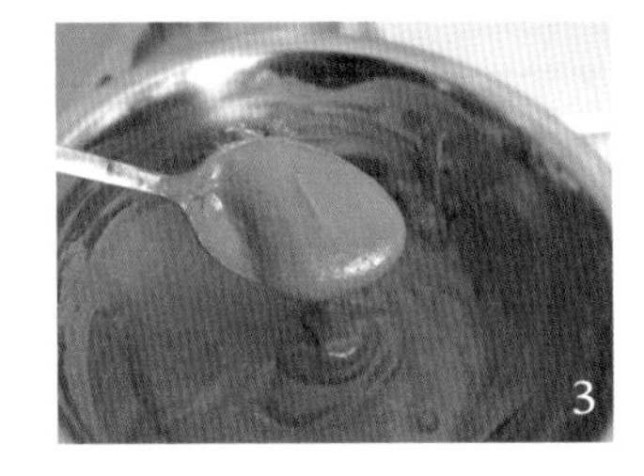

1 將蛋皮材料混合，以中火煎出兩片蛋皮備用。

2 芝麻醬跟花生醬一同放入碗內，倒入熱水慢慢攪拌稀開，直到成為均勻乳狀醬汁。

3 將其餘涼麵醬材料倒入2中，攪拌均勻。

4 將蛋皮、胡蘿蔔、小黃瓜、青蔥等分別切絲，豆芽菜燙熟，新鮮芽菜採收、洗淨；油麵煮至八分熟撈出，趁熱拌入1大匙油脂避免粘黏，於通風處放涼；食用時再與蔬菜醬料組合，也可以依喜好於頂部撒點碎花生。

TIP

- 我特別喜歡花生醬跟芝麻醬混合的香氣，用兩者搭配製作涼麵醬純粹為個人習慣，並非絕對。大家可依各家口味單獨使用，甚至替換其它堅果醬也都無妨。
- 油麵出鍋後，仍會因餘溫而繼續軟化，因此，只煮到八成熟便可撈出，食用時口感較佳。

堅果醬

堅果醬在料理上的用途很廣，像是代替奶油來製作麵包點心（P028 鮪魚玉米亞麻籽麵包、P116 核桃酪），炎炎夏日裡爽口受歡迎的涼麵醬（P085 雜蔬芽菜涼麵）或沙拉醬，早餐常用的麵包抹醬，運用在義大利麵醬（P104 核桃醬汁義大利麵疙瘩），或是淋在蛋糕、冰淇淋（P132 堅果戚風蛋糕）甜品上等，只要運用得宜，不但能增添風味，也能讓料理具有更高的營養價值。只是，化學專業的小志先生，對於食材是否會變質的把關非常嚴格，因而並不愛我購買市售的堅果醬（尤其是花生醬）。其實，只要家中有可磨碎食材的食物處理機（或攪拌機），再了解下面進一步說明的原理原則，在家也能輕鬆製作。而且只要你吃過自己手做帶著新鮮口感與濃郁香氣的堅果醬，就絕對回不去了。

首先，打堅果醬的食材如芝麻、杏仁、腰果等，一定要事先經過小火乾鍋炒熟或經低溫烘焙烤熟過的。這個步驟是很重要的關鍵，因為未烘焙的堅果是無法打出油脂的。要辨認杏仁腰果的熟度，最簡單的方式就是炒或烘烤過後，隨意挑一顆起來咬一半，若是色澤呈現淡褐色且嘗起來已有堅果的香氣，就代表已經可以進入打堅果醬的程序。若是顏色還是乳白色且還有生味，就得再繼續拌炒或烘烤至該有的熟度。

另外一個重點是在使用調理機打醬時，務必要啟動高轉速功能，因為高速運作才能有效釋放堅果內的油脂，然後再使用攪拌棒協助混拌，將食材由四邊角落往中央推擠，才能攪打均勻。低速攪打反而會使油脂釋放不完全，無法達到順滑的效果。只要能掌握好這些小秘訣，就能完成濃醇香滑且又健康美味的自製堅果醬囉！

作者／蘿瑞娜

藜麥地瓜紅豆飯

這道料理的概念源自於日式的紅豆飯，泛著紅色的米飯看起來喜氣，吃起來也健康，是日本年中特殊場合的慶祝餐食。我把不容易消化的糯米改成糙米，再加入台灣古早味的元素地瓜及養生的藜麥，另外再加上「椰子油」這項秘密武器，讓這道米食具有更豐富多元的營養及風味。

材料（約 4 ～ 5 碗）

紅豆……0.4 米杯
紅藜麥……0.2 米杯
黑藜麥……0.2 米杯
白藜麥……0.2 米杯
糙米……1 米杯
地瓜……1 小條
水……2.4 米杯
椰子油……1 大匙

做法

1 將紅豆、藜麥、糙米洗淨後，泡水 4 到 6 小時備用。

2 地瓜去皮後，切塊備用。

3 將 1 瀝乾水分後，與地瓜、椰子油及水一同放入大同電鍋的內鍋。

4 外鍋放一杯水，按下電源後，跳起再燜 10 分鐘，用飯勺拌鬆，即可享用。

TIP

・若想要嘗試用陶鍋煮飯，可參考料理影片示範。

作者／梅子

雞肉酪梨泡菜烙捲餅

我記得有段時間人們對於酪梨有很深的成見，主要是因為酪梨本身富含油脂，讓許多人望而生畏、退避三舍。不過，近十年來人們對於油脂有了更深的認識，酪梨也因而洗刷污名，獲得許多正面的評價。美國這幾年流行一句俗諺：Apples are so cliché! It's an avocado a day that can really keep the doctor , and your cholesterol levels , at bay（蘋果已經落伍了！每日一顆酪梨，才能真正地讓醫生以及膽固醇速退），這也讓酪梨一躍躋身於超級食物的行列。

目前全世界最大的酪梨產國是墨西哥，並被廣泛運用在墨西哥料理中。例如，用墨西哥餅皮捲裹雞肉和酪梨便是常見的組合，不曾想搭配韓式泡菜，做成無國界酪梨捲也非常好吃，泡菜酸鹹多汁的口感剛好平衡酪梨的油脂，清爽而不膩口。捲餅可以事先包捲好冷藏，第二天午餐時再行加熱。

材料（4份捲餅）

10吋墨西哥薄餅......................4片
熟雞肉（胸）.............................300g
蔥花..20g
切達起司（Cheddar）..............1杯
馬茲瑞拉起司（Mozzarella）
....1杯
酪梨（切片）...............................2個
韓式泡菜（切碎）...................200g

A 醬汁

蒜蓉.................................1小匙
醬油膏.............................1小匙
砂糖.................................1小匙
韓式辣醬.........................1小匙
清水.................................2大匙

做法

1

2

3

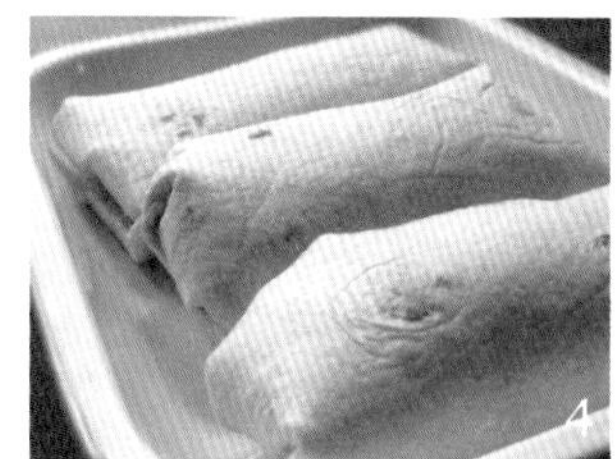
4

5

1 於小碗中將醬汁材料混合均勻。

2 將1的醬汁、熟雞肉以及蔥花拌勻。

3 取一片薄餅，在中間放入2的雞肉內餡，撒適量起司，再疊入適量酪梨片與泡菜。

4 捲起餅皮、呈小枕頭狀。

5 用帕尼尼機夾起，加熱捲餅至兩面烙黃，內部溫熱即可。

TIP

・沒有帕尼尼機也可使用平底鍋，以小火烙餅；又或是使用小烤箱烤至外表酥脆也可以。

作者／蘿瑞娜

培根野菇藜麥燉飯

如果你和我一樣在剛嘗試藜麥時，有點不太愛它的生味，這道燉飯是我相當推薦的入門款。這次用了懶人版燉飯的料理手法，先把糙米藜麥給蒸熟，再與培根野菇拌炒成燉飯，效果出奇的好。

糙米與藜麥帶點嚼勁的口感，比起傳統燉飯做法煮出來的夾生米更討我歡心。而且在最後的料理步驟，讓人完全不用擔心在把食材高湯精華燒入味時，不小心煮糊了米粒，搭配上其他的食材的畫龍點睛，連孩子們也是一口接一口呢！

材料（約 2 大盤）

有機黑藜麥……0.1 米杯
白藜麥……0.1 米杯
糙米……0.8 米杯
水……1.2 米杯
無鹽奶油……2 大匙
洋蔥切丁……半顆
蒜切末……5~6 瓣
綜合菇類……100g
紅椒（切小丁）……1/4 顆
培根……4~5 片
鮮奶（油）或高湯……5~6 大匙
九層塔（或羅勒）……適量
鹽……適量
粗粒黑胡椒……適量
有機綜合堅果（或松子）……適量
切達（或帕瑪森）起司……適量

※ 有機綜合堅果和切達（或帕瑪森）起司，也可以省略不放。

做法

1 將藜麥與糙米洗淨後瀝乾水分，內鍋加入 1.2 米杯的水，外鍋加入 1 米杯的水，按下電源，煮好後備用。

2 起油鍋，融化奶油後，爆香蒜末洋蔥丁。

3 接著，放入綜合菇類拌炒。

4 再倒入煮好的糙米藜麥、高湯（鮮奶）及調味料與九層塔拌炒。

5 起鍋前，撒上紅椒丁、起司絲還有核桃碎，即可盛盤享用。

午餐提案

在日常的忙碌裡，要在午間騰出時間煮食絕非易事。但是通過事先的計劃準備，預先完成一部份步驟，便可以於短時間內端出可口的餐點。

作者／梅子

甜菜葉薄餅焗烤

每年入春，我家一定會有一圃葉片寬大、葉莖色彩絢麗的彩葉甜菜（Swiss Chard）。因為葉片肥厚，煮食後也不太縮水，幾片葉子就能炒出一大盤，是我菜園中經濟效益最高的蔬菜之一。在國內，彩葉甜菜又稱為恭菜、莙薘菜、葉用甜菜，俗語亦稱牛皮菜、猪乸菜，營養價值極高，國內亦有種植，以綠莖品種為主，從前常做為畜料，近年來大家才開始重視它的好，市面上也逐漸普遍起來。

我曾在自己的專頁上多次介紹彩葉甜菜，常被讀者問到食用方式。實際上它簡單清炒就很好吃，口感類似肥厚的菠菜。生長快速的葉片，長得太大時、菜梗變得厚實並纖維較粗，介意的話可以切除；如若使用、只需要掌握烹調時間，莖部葉片分開下鍋即可。除了清炒，風味平和的彩葉甜菜與各種料理搭配起來也十分容易，這裡用來做為內餡，用軟彈的法式薄餅（可麗餅）捲起後再焗烤，搭配濃滑的白醬非常美味。

材料（約 10 ～ 12 份捲餅）

A 薄餅

大型雞蛋……4 個
砂糖……1 大匙
鹽……1/8 小匙
中筋麵粉……280g
鮮奶……540ml
無鹽奶油……4 大匙

B 白醬

中筋麵粉……2 大匙
無鹽奶油……2 大匙
鮮奶……60ml
高湯（或清水）……120ml
鹽……1/4 小匙
白胡椒……1/4 小匙
荳蔻粉……適量

C 內餡

彩葉甜菜（葉片）……250g
蘑菇片……250g
馬斯卡邦起司（Mascarpone）……240g
松子……1/4 杯
蒜蓉……1 小匙
鹽……適量
白胡椒……適量

D 置頂

馬茲瑞拉起司絲……約 1 杯

法式薄餅做法

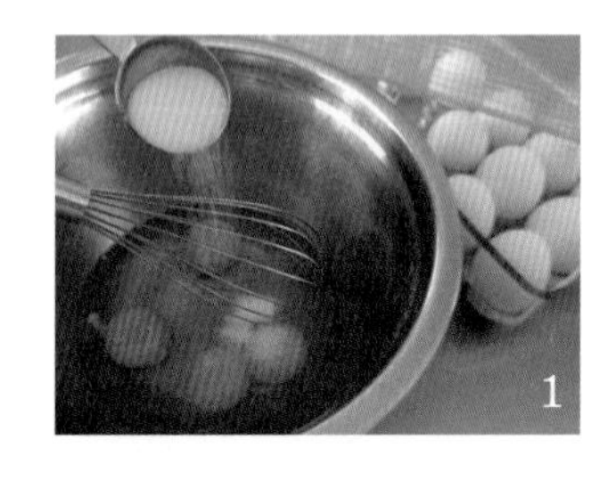
1

2

3

4

1 將雞蛋、砂糖、鹽一起打散至均勻。

2 分次輪流倒入鮮奶以及麵粉，慢慢攪拌至均勻。

3 奶油加熱融化後，冷卻至室溫，再倒入麵糊中，輕輕攪拌至滑細；加蓋靜置 1 小時或至隔夜。

4 在平底鍋內刷上薄薄一層油，以中小火煎薄餅，直到麵糊用盡。完成的薄餅疊起加蓋備用，也可以事先做好後密封冷藏，2 ～ 3 日內使用。

TIP

- 彩葉甜菜可以用菠菜或是橄欖菜葉替換。
- 製作時，每份不需要填太多內餡，需考慮到接續還有白醬起司等的層次搭配，如此整體風味才會清爽不膩。

白醬做法

1 鍋內放入奶油以及麵粉，開中火並不停攪拌、直到奶油以及麵粉呈糊狀。

2 分幾次慢慢倒入鮮奶以及高湯（或清水），並不斷攪拌，每一次都要等到液體被充份吸收後再繼續，直到所有液體食材用完。

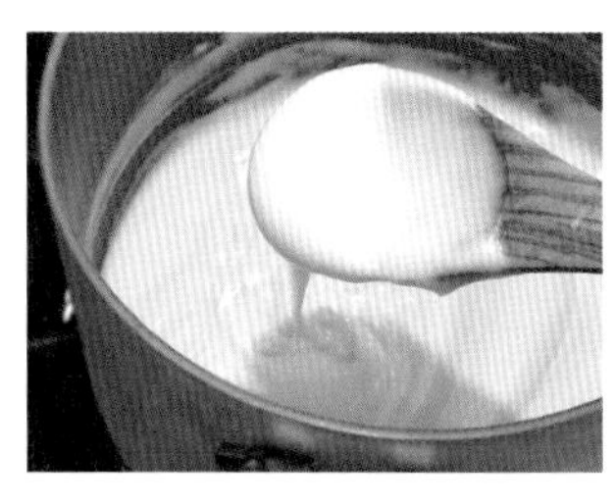

3 待鍋內白醬成優酪乳般濃稠狀，放入鹽、白胡椒粉以及少許荳蔻粉調味，即可離火備用。

組裝

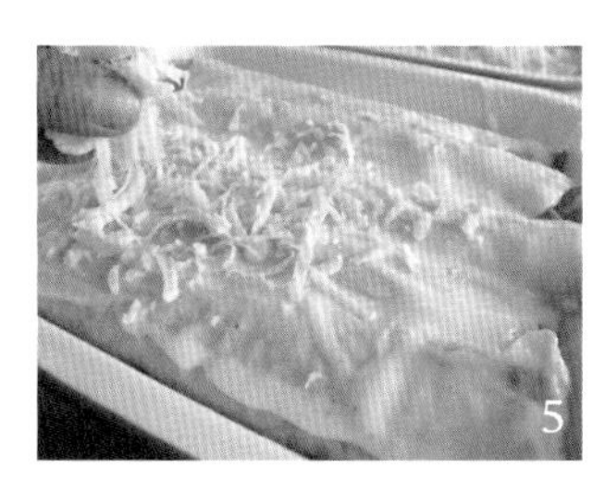

1 烤箱預熱至 190℃（約 375 °F）。蘑菇片用一點點油炒熟備用；牛皮菜葉燙熟、瀝乾備用。

2 松子用小火烘烤至外表產生金黃色澤，放涼備用。

3 將所有內餡材料均勻混合。

4 每份薄餅中間放入少量內餡，捲起後排入烤皿內。這個步驟可以於前一天完成，加蓋冷藏至使用前取出，室溫內靜置 30 分鐘左右回溫，即可繼續製作。

5 在薄餅表面均勻塗抹白醬，並撒上馬茲瑞拉起司絲，入烤箱、以 190℃（約 375 °F）焗烤 20 分鐘，直到表層起司略顯金黃色，即可出爐。

作者／梅子

茸菇海鮮蒸蛋

有陣子女兒愛上滑嫩的蒸蛋，吃了還想再吃。於是我想了個方式簡化自家做法，這樣閉著眼睛也能隨時應付小饞貓：利用家中的玻璃罐，將雞蛋和液體裝入後、加蓋用力搖一搖就好，如此很容易就將蛋液搖勻，之後再用一次性茶袋過濾蛋液，就能得到滑嫩的蒸蛋。

蒸蛋怕火大，若要滑細，蒸製時鍋蓋切勿緊閉，蒸氣火力要溫柔，甚至中途開蓋檢查、放掉些蒸氣都可以。我喜歡在蒸蛋中放些碎海鮮，另外要借味於事先料理好的日式醬漬茸菇。除了用蔥花點綴外無需其他調味雕琢，簡單的原食材搭配水嫩幼細的蒸蛋就很對味，尤其是炎炎夏日之中，這樣的料理能讓人充滿食慾。

材料（2～4人份）

雞蛋……4個（約1杯）

清高湯……1杯

鹽……少許

鮮蝦貝類墨魚等碎海鮮（或魚板）……100g左右

日式醬漬茸菇……適量
（請見P203日式醬漬茸菇專欄）

裝飾用蔥花（或香草）……適量

做法

1 將雞蛋、高湯、鹽一起放入玻璃罐內，加蓋用力搖晃均勻（也可以用力將蛋液打散，攪拌均勻）

2 將蛋液過濾，倒入可蒸煮的容器內（我利用一次性茶袋過濾）

3 蒸鍋上蒸氣後，轉中火，放入盛裝蛋液的容器、用筷子或木湯匙讓鍋蓋留條縫，中小火蒸製10分鐘左右（中途可開蓋檢查凝結度、並放掉一些蒸氣避免溫度太高）。

4 打開鍋蓋可見蛋液顏色轉淡、表面凝固，輕輕放上海鮮，再蒸3分鐘左右，或至海鮮熟透（蝦仁變色、墨魚貝類則會收緊轉白）。

5 最後，開鍋蓋淋上茸菇，再蒸1分鐘左右，即可出爐，用蔥花香草裝飾後上桌。

作者／梅子

櫛瓜克勞芙提

夏天是櫛瓜產季，我自家的菜園就種有好幾個品種，若是有時間上附近的農夫市場繞一圈，更是讓人眼花繚亂。色彩豐富的蔬菜總讓愛料理的人感到雀躍不已，而櫛瓜克勞芙提（Clafoutis）便延續了這樣輕快的情緒節奏。

當季的櫛瓜帶著優雅清甜的瓜香。將不同顏色的櫛瓜跟火腿交替捲起排入，模具中就出現美麗的彩色螺旋。做成鹹味變奏版本的克勞芙提，濃香的烤麵糊入口即化，櫛瓜嘗起來鮮嫩多汁；最棒的是所有準備工作都可以在前一晚完成，當天只需要送入烤箱，半小時左右，香噴噴的點心便出爐了。

材料（4～6人份）

櫛瓜（綠黃各2根）....................4根
火腿....................................5～7片
新鮮百里香（葉片）...............適量
雞蛋（中型）...............................4個
鮮奶..240ml
砂糖..2大匙
鹽...1/2小匙
黑胡椒粉....................................適量
中筋麵粉....................................80g

做法

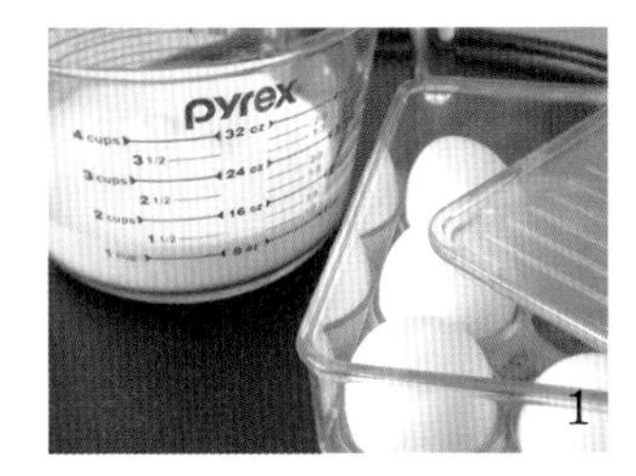

1

2

3

4

5

6

1 將雞蛋與鮮奶用力打散混合。

2 慢慢地將麵粉、砂糖和鹽攪入雞蛋液，直到麵糊呈滑細狀，攪入黑胡椒粉調味。將麵糊放入冰箱冷藏鬆弛4小時以上，或放置隔夜使用。

3 把櫛瓜縱向切成薄片（可以用刨刀幫忙），火腿也切成同寬的帶狀。

4 將櫛瓜片與火腿片輪流交替螺旋狀排入小鑄鐵平鍋內（或烤模），由中心向外側鍋邊擺放，直到將食材用完為止。

5 將鬆弛完成的麵糊平均淋入櫛瓜內，注意讓每一層櫛瓜片之間都有麵糊，然後，撒上百里香。

6 烤箱預熱至200℃（約400℉），放入麵糊烤35～40分鐘，直到中間不再有流動麵糊，略微膨脹、並輕觸時感到有彈性，即可出爐。放置到不燙手，即可趁溫熱上桌。

TIP

・排放櫛瓜片以及火腿的時候不需要捲的太緊密，中間略留些空隙，讓麵糊有空間膨脹。櫛瓜與麵糊都可以分別提前（前一天）準備好，製作當天只需要將麵糊倒入排放櫛瓜的模具內烘烤即可。冷藏後的麵糊可直接使用，不需要回溫。

作者／梅子

杏仁胡椒鮪魚佐青蘋高麗菜沙拉

經過一連串節日和假期的大吃大喝之後，總是會不由自主想念起這道讓人身心舒暢的料理。用大量的蔬果搭配煎得香酥美味的鮪魚，低糖、低脂、高纖、色彩賞心悅目、清爽開胃，整盤無一不是對身體友善的食材，根本是超級食物的大集結。

我們家喜歡吃煎至六、七分熟的鮪魚，熟度可依個人喜好自行調整，只需要延長或縮短烹飪時間就可以了。食譜裡提到的杏仁粉是指以整顆洋杏仁磨成的粉末（有分去皮或帶皮研磨），並不是沖泡用的杏仁茶粉。運用杏仁本身的油脂輕易達到酥香的效果，把鮪魚先粘裹杏仁粉之後再放入鍋中煎，只需少許油潤鍋，即可達到低脂烹調的養生目的。

材料（2 人份）

A 青蘋高麗菜沙拉

- 高麗菜 150g
- 蘿蔔（品種為心裡美）..... 100g
- 青蘋果 100g
- 紅洋蔥 50g
- 鹽 ..... 1 小撮
- 裝飾用蔥花、香菜 ..... 少許

※ 我使用自家種植的心裡美蘿蔔，也可以用一般白蘿蔔替換。

B 薑味橘醋醬

- 薑茸 5g
- 醬油 ..... 1 大匙
- 橘子汁 ..... 2 大匙
- 白醋 ..... 2 大匙
- 麻油 ..... 1 大匙
- 砂糖 ..... 1 小匙
- 蜂蜜 ..... 1 大匙
- 鹽 ..... 適量

C 香煎胡椒杏仁鮪魚材料

- 鮪魚 ..... 100g×2 片
- 烘焙用去皮杏仁粉 ..... 1 大匙
- 粗磨黑胡椒 ..... 1 小匙
- 米酒 ..... 1 小匙
- 油 ..... 適量
- 鹽 ..... 適量

做法

1

2

3

4

1 將高麗菜、蘿蔔、青蘋果切成細絲，撒點鹽拌勻。紅洋蔥亦切成細絲，擺盤前與其他蔬材一起翻拌成沙拉。

2 將鮪魚洗淨，用紙巾擦乾後，兩面均勻抹上米酒跟鹽。杏仁粉與粗磨黑胡椒在盤內混合均勻，將鮪魚放入、輕壓，使兩面均勻沾滿粉料。

3 平鍋燒熱、放入少量的油，放入鮪魚排，兩面煎至喜歡的熟度（六、七分熟的話，每面平均煎 2 分鐘左右）。

4 混合調勻橘醋醬的材料，淋在沙拉和鮪魚上，依喜好撒上蔥花香菜。

TIP

・青蘋果切絲後，立刻與其他蔬材一起拌入薄鹽，可以避免氧化變色。如果飲食需要避免堅果類食材，不妨嘗試使用椰子粉代替杏仁粉。

作者／蘿瑞娜

羽衣甘藍起司烘蛋

一個人在家的午餐，我很喜歡做這道烘蛋，配上喜歡的酸麵包或裸麥果乾麵包，再為自己沏壺茶或沖杯咖啡，花個10分鐘，立即就能享受到簡單卻豐盈的美好，帶來身心大大的滿足。

烘蛋裡的蔬菜，可隨個人喜好或冰箱現有的材料替換，櫛瓜、小波菜、蘆筍、各式菇類都是不錯的選擇。甚至，換了不同調味的香料鹽，也能帶給你不同的風味享受。

材料

雞蛋 ....2 顆
鮮奶 ....2 大匙
香料鹽 ....適量
蘑菇 ....2 朵
羽衣甘藍（取葉子撕小片）..1 大片
小番茄（對切）................2 ～ 3 顆
蒜（壓泥）...................................1 瓣
切達起司（Cheddar）.........1/2 片

做法

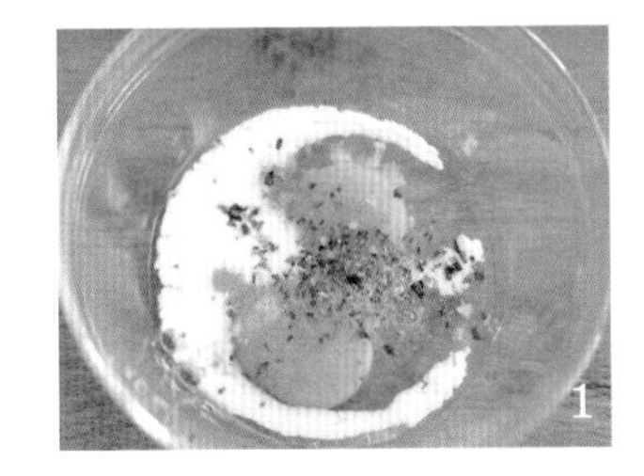

1 將雞蛋打入盆中，加入鮮奶跟香料鹽，攪拌均勻。

2 起油鍋，爆香蒜泥後，放入蘑菇片拌炒一下，接著，把蘑菇盛起備用。

3 倒入 1 的蛋液，然後放入炒好的蘑菇、番茄、羽衣甘藍及撕小片的切達起司在蛋皮的一側，轉小火蓋上鍋蓋燜 1 ～ 2 分鐘。

4 開鍋蓋，撒上適量的香料鹽，將蛋皮對折起，即可盛盤享用。

作者／梅子

核桃醬汁義大利麵疙瘩

不記得是什麼時候開始愛上堅果的，但這的確是來美國後才漸漸發展出來的口味。西式料理離不開堅果、就像中餐離不開芝麻，基本上是用半強迫的方式、讓人逐漸習慣、進而愛上堅果料理。平日裡我們會用堅果以及果乾取代零嘴，有時甚至做為代餐，我對於自己最終能夠懂得堅果的好而感到欣慰，因為堅果真的是營養價值極高的食物。

這裡使用核桃醬的另一個好處是，堅果醬本身具備濃厚粘稠特性，醬汁不需要另外勾芡、也不需要太多的油脂，就能夠做出我女兒口中的「Creamy sauce」那種渾厚的滿足感。若對堅果的口感抗拒，卻又想於飲食中添加堅果攝取，不妨試試從「堅果醬」開始適應起。其實中西食理有許多互通之處，想想中餐裡的麻醬熱拌麵，那麼這道核桃醬汁義大利麵疙瘩的風味也就不難想像了。

材料（2 人份）

義大利麵疙瘩（Gnocchi）....500g
蘑菇......150g
油......2 大匙
蒜末......1 大匙
風乾番茄......30g
蝦仁......100g
彩葉甜菜葉片（或菠菜葉）...120g
核桃醬......2 大匙
高湯......240ml
鮮奶......120ml
白葡萄酒......1 大匙
鹽......適量
白胡椒粉......適量

※ 核桃醬做法請見 P084 堅果醬專欄。

做法

1 煮開一鍋水，將義大利麵疙瘩倒入水中，煮至浮起，立刻撈出備用。

2 將高湯、鮮奶、以及核桃醬混合，放入小湯鍋內用小火煮至微滾，離火備用。

3 蘑菇切片；鍋內燒熱 2 大匙油，將蘑菇倒入煸炒至乾香，接著放入蒜末以及風乾番茄炒拌。

4 將 2 的鮮奶核桃醬倒入 3 的鍋內一同煮開。

5 放入 1 的麵疙瘩以及蝦仁，嗆入白葡萄酒，再次煮開。

6 最後，放入彩葉甜菜（或菠菜葉），以適量的鹽和白胡椒粉調味，稍微翻拌，即可熄火盛盤。

TIP

- 除了核桃以外，榛子、杏仁、夏威夷果等，都是可以替換的選項。若是對堅果過敏，不妨改用芝麻、葵花籽以及南瓜子等種籽食材代替。製作時，若感覺醬汁太濃厚，可以再加入適量高湯或是清水稀釋、調整濃度。
- 如果飲食需要避免乳製品，可以將配方中的鮮奶以等量的高湯取代。

作者／梅子

雜蔬肉丸貓耳湯

天冷時，我們家愛喝蔬菜湯，大部份食材取自菜園當季的各種根莖葉菜，滿滿地煮上一大鍋，趕著開飯時，會搭配豆類，時間寬裕的時候，則會做些肉丸子，再丟些義大利麵、就成了簡便又營養均衡的一鍋煮。為了熬湯從菜圃裡拔出了胡蘿蔔、卻又捨不下營養的胡蘿蔔葉，便剁碎了揉在肉丸裡，實際一蔬兩吃的概念。

提及肉丸，無論清燉紅燒，多半會先將丸子炸過定型上色、再繼續料理，但想到炸丸子時的油煙以及處理剩下的炸油，都讓人退避三舍。我其實很堅信某些烹調技巧是沒有捷徑的，但是日日飲食，總要取捨出較為方便、健康的方式，在享受美食的同時也要減低身體的負擔，所以這邊分享的是我們家平日常用之「減油版」處理丸子的方式，也就是利用丸子本身的油脂，將表面淺煎得金黃噴香。誠懇的說，雖不可能全然媲美炸過的丸子，但也有八、九成的效果，並健康安心許多，也不用再為油煙和炸油而煩惱。雖然這道湯品看起來步驟繁冗，但實際上肉丸可以事先做好後冷藏或冷凍存放，接下來，只需要簡單地將食材一鍋煮，就可以快速上菜。

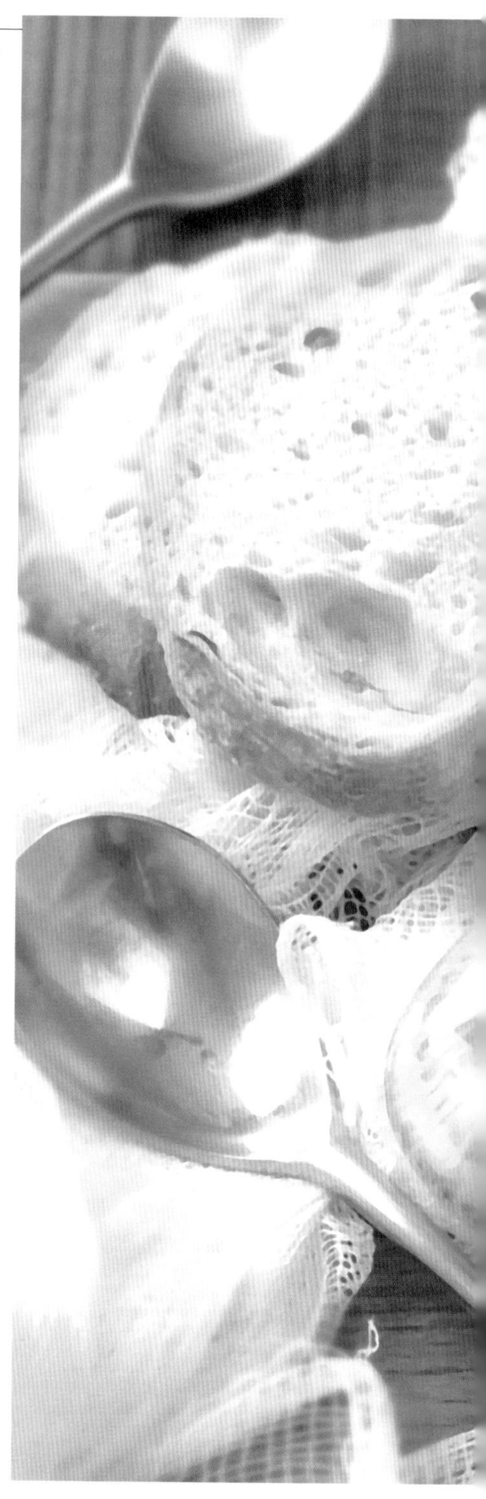

材料（4人份）

肉丸（約32粒小丸子）

牛絞肉（2分肥8分瘦）.........500g

胡蘿蔔葉.........50g
（見P074邊角料專欄）

澱粉.........4大匙

薑茸.........10g

蔥花.........25g

鹽.........1/2小匙（適量）

糖.........2小匙

澱粉.........4大匙

味噌.........1小匙

米酒.........1小匙

胡蘿蔔肉丸做法

1 胡蘿蔔葉切除硬梗，只取葉片前端，洗淨後切碎。

2 將其餘肉丸材料連同切碎之胡蘿蔔葉一起混合均勻，成為具黏性肉餡。

3 小勺沾清水，將肉料平均分成32份左右。

4 將肉料一一搓成小丸子狀。

5 燒滾一鍋熱水，將丸子放入滾水內汆燙30秒，撈起備用。

6 將汆燙完成的丸子放入不沾鍋內，不要放油，用中小火慢慢將丸子本身油脂煎出，不時翻面，將丸子周身都煎出金黃色澤，撈出瀝油備用。

材料（4 人份）

蔬菜湯

綜合根莖類蔬菜
（蕪菁、胡蘿蔔、大頭菜等）.....300g

番茄...300g

清水..........................適量（240ml）

洋蔥...150g

高湯..480ml

蒜蓉..1 大匙

瑪莎拉酒（Marsala）...........1 大匙

新鮮百里香.................................2 枝

胡蘿蔔葉牛肉丸.............約 32 粒

義大利貓耳朵麵.....................120g

羽衣甘藍嫩葉............................1 把

TIP

- 牛絞肉可以用豬、雞、火雞等替換，胡蘿蔔葉可用芹菜葉或巴西里葉替換。
- 製作肉丸時，可以利用小冰淇淋勺幫忙盛舀肉料，如此一來，每份便可差不多大小，亦方便成型。
- 煎製完成的肉丸，如果不立刻使用，可以於降溫後密封冷藏 2～3 日，或是冷凍儲存一個月左右。

蔬菜湯做法

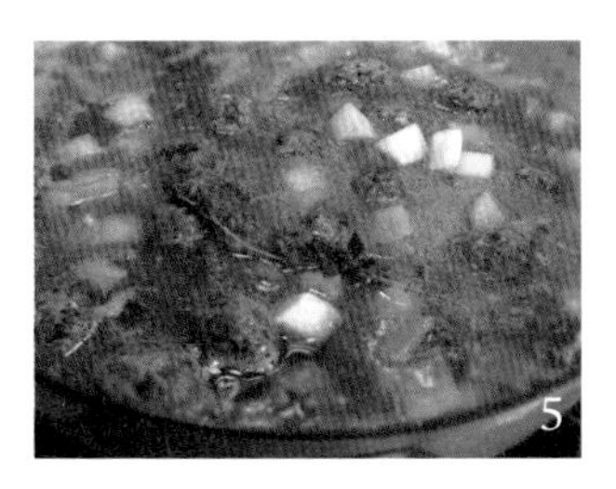

1 將各種根莖類蔬菜分別切丁備用。

2 用食物調理機將番茄與清水一起打碎成泥狀。

3 洋蔥切丁；鍋內放油，將洋蔥放入炒香成金黃色。

4 將 1、2 以及配方中的高湯倒入 3 內，放入蒜蓉、瑪莎拉酒以及百里香，大火煮開。

5 湯內放入處理好的肉丸，再次煮開後，轉小火熬煮 10 分鐘。

6 湯內放入貓耳麵，再次煮開後轉小火，煮到貓耳麵熟軟，最後放入羽衣甘藍葉，即可關火。

作者／梅子

越式地瓜蝦餅

我喜歡越菜的烹調方式，因為他們總能在料理中廣泛應用各類蔬果以及天然食材，並善用大量香草辛香料來提味。經營餐廳的時候，有位廚師的越籍太太於公司感恩節私宴中分享了這道地瓜蝦餅（Banh tom），自此讓我念念不忘；後來，雖然她傾囊相授了地瓜蝦餅的做法，但由於製作粉漿時使用的是預拌粉，因而沒有配方，還是之後我靠著味覺的記憶，嘗試了多次，才調出水粉比例合意的粉漿。

由於米粉與麵粉的摻用，讓蝦餅外層帶著輕盈薄脆的口感，而咬入時軟甜的地瓜又十分豐厚滿足；雖然煎炸的步驟所使用的油量較多，但食用時應用了各種新鮮香草、生菜、醃漬蔬菜等和諧搭配，風味細緻清爽，並不感到油膩，是一道充滿層次感的料理。 當中所使用到的「胡蘿蔔黃瓜糖醋漬」，除了搭配地瓜蝦餅之外，更可以在平時當成開胃菜；另外，蔬食者只需要將蝦仁省略，並以淡醬油代替魚露，就能變化出素食版的地瓜煎餅了。

材料（10 份）

A 胡蘿蔔黃瓜糖醋漬

- 糖……3 大匙
- 鹽……1/2 小匙
- 白醋……60 ml
- 胡蘿蔔絲、黃瓜絲.. 共 200g

B 沾醬

- 魚露……2 小匙
- 蒜頭（切碎）……1 瓣
- 砂糖……2 大匙
- 白醋……2 大匙
- 萊姆（青檸）汁……1 大匙
- 香菜（切碎）……適量
- 生辣椒（切碎，不吃辣可省略）……適量

C 麵糊

- 中筋麵粉……150g
- 在來米粉……80g
- 薑黃粉……1/4 小匙
- 無鋁泡打粉……1/2 小匙
- 海鹽……1/4 小匙
- 砂糖……1/2 小匙
- 清水……360ml

- 地瓜……約 500 克左右
- 蝦仁……10 隻
- 生菜葉……10 片
- 新鮮香菜……適量
- 薄荷……適量
- 檸檬（或萊姆）……適量

做法

1 製作胡蘿蔔黃瓜糖醋漬。將黃瓜、胡蘿蔔（也可使用白蘿蔔）刨絲，放入容器內；將糖、鹽、白醋混合均勻，倒入胡蘿蔔和黃瓜絲內，冷藏醃漬半天以上。

2 將所有沾醬材料混合備用。

3 蝦仁剔除泥腸，沖洗乾淨備用。

4 將麵糊材料混合成稀粉漿。

5 地瓜切粗絲，與 4 的稀粉漿翻拌混合。

6 鍋內燒熱適量的油，取一些地瓜粉漿放入鍋內，稍微攤平，在頂部放一隻蝦仁，再從盆底盛起少許粉漿淋入，用中火將兩面煎炸至金黃即可。

TIP

- 吃的時候，搭配胡蘿蔔黃瓜糖醋漬、香菜、薄荷，用生菜葉包起，淋上檸檬汁（或青檸）跟沾醬，美味極了。
- 製作時，稀粉漿會呈現流動狀，在拌入地瓜後，會有部份積在盆底，這是正常現象。以稀漿製作成品才夠酥脆，若怕粉漿粘裹力不足使成品散開，只要在煎製的時候，將滴落盆底的粉漿盛起一些，淋在鍋內地瓜絲上面即可。
- 這道料理是用煎炸的方式製作，鍋內需多放些油，要讓地瓜餅的底部在煎炸時都能接觸到油脂。

台北有家主打北歐風的咖啡店店名為「Fika Fika」，這其實是取自瑞典文「Fika」一字（意即 Coffee break），而這也是我到瑞典時，最快學會的一個生活用語。早上下午各一次（甚至飯後）的 Fika，是這個國家不成文且非常重要的充電時間，而在咖啡或麵包店裡，也會販售一些傳統瑞典人在 Fika 時搭配的甜食點心。

生活在瑞典多年，這樣的午茶文化，也深植到我的日常中。透過這樣一小段的休息片刻，讓自己獲得滿滿能量然後再回到工作或是繁瑣的家務上，思緒也變得更加清明。只是默默存在的思鄉情緒還是誠實地反映在味蕾上，相較於瑞典式重油重糖的甜品，我還是偏愛書裡分享這一系列以種子堅果及花卉製成，養生、健康又唯美的午茶點心。

好味道的

養生點心及飲品

PART 3

作者／梅子

核桃酪

滑順的核桃酪一直是我的心頭好，熬煮時的甜香，會讓人有種好幸福的感覺。所用食材款款養人，都是溫潤滋補的品項，細細打磨成漿狀，則更容易吸收，做為早餐或是點心都非常合適。

製作核桃酪實際上很簡單，只要切實浸泡食材，其他就交給果汁機搞定；步驟中最繁瑣的就是剝除核桃仁上的薄膜，但若跳過這道工序、成品會略帶澀味，因此，非常關鍵也不建議省略；至於核桃、紅棗、糯米等食材的比例，可以依照各家喜好調整，不需拘泥。

由於紅棗本身就帶有甜味，我通常不另外放糖，只在飲用前用少量的蜂蜜調味。完成後的核桃酪，放涼後冷藏幾日都沒問題，飲用前，可以用爐頭文火或是蒸鍋加熱。

材料（4 份）

核桃仁……100g
紅棗……30g
糯米……50g
清水……1000ml
蜂蜜……適量
鹽……1 小撮

做法

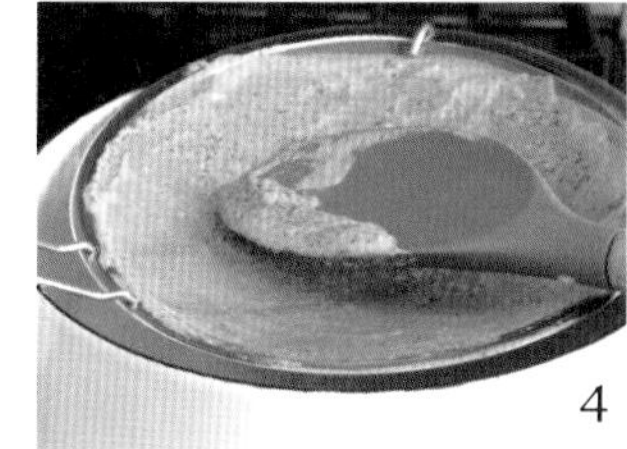

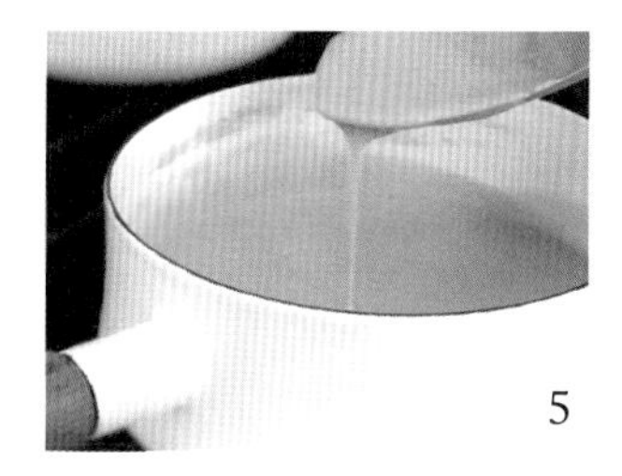

1 核桃仁用熱水浸泡 1 小時，將核桃仁上的薄皮膜剝掉。

2 糯米以冷水浸泡 4 小時以上，紅棗去棗核備用。

3 將處理好的核桃、糯米、紅棗，連同清水一起，用果汁機打成滑細米漿。

4 將粉漿過網篩，加一小撮海鹽，入鍋中火煮開。

5 轉至小火熬煮到略微濃稠，即可離火；待稍微冷卻後，再加入蜂蜜，避免蜂蜜中的養分流失。

作者／梅子

榛子酥

榛子的香味獨特，富含多種人體所需的氨基酸，營養成份在所有的堅果中也非常出眾；我喜歡用它來做抹醬、做餅乾、甚至拿來當塔皮，都十分合適。

榛子酥之所以能酥鬆得入口即化，是因為配方中無任何液體食材、也沒有雞蛋，完全憑藉著將油脂慢慢「切入」麵粉中，而達到「酥」的效果，是非常美味的茶點。想到那輕薄酥脆的口感，連平日裡在甜食面前極有定力的我也無法把持。堅果的部份也可以用花生、腰果、杏仁、核桃等替換，相同的做法，卻可以享受到不同的堅果風味。

材料（約 30 個）

棒子 100g
低筋麵粉 50g
中筋麵粉 50g
糖粉 120g
無鋁泡打粉 ....1 小匙
海鹽 5g
無鹽奶油 100g

做法

1 將榛子以食物調理機打碎，成為粗顆粒狀。

2 將 1 的榛子粉末、兩種麵粉、糖粉、無鋁泡打粉、海鹽等一起混合均勻成為粉料；奶油切成小丁，以酥皮切刀（Pastry cutter）將奶油丁切拌入粉料中。

3 切拌完成的麵糰會呈現散粉狀，但若以手用力壓合，即成一團。

4 將麵糰揉成小球狀，每份約 15g 左右，約可製作出 30 個餅乾生胚，排於烤盤上；餅乾烘烤時，會略微膨脹，因此，生胚間需預留些空間。

5 烤箱預熱至 160℃（約 320 ℉），烤約 15 分鐘；餅乾完成後，表面顏色不會太深，但會微微因膨脹而龜裂，翻轉查看底部若已略微上色，即可出爐。

作者／蘿瑞娜

玫瑰花焦糖
戚風蛋糕

我很喜歡花茶雅致的風味，也覺得非常適合鬆軟綿密的戚風蛋糕。這款玫瑰焦糖戚風加了不只研磨成粉末的日月潭紅茶到蛋糕糊中，還費功夫地熬煮出玫瑰焦糖漿，造就出風味馥郁、帶有層次感的戚風蛋糕，可說是我所有茶葉系戚風蛋糕中的登峰造極之作。

材料（8 吋戚風模）

A 蛋白糊

蛋白……5 個
砂糖……60g
檸檬汁……1 大匙

B 蛋黃糊

蛋黃……5 個
紅玉紅茶……60ml
紅玉紅茶包……1 個，磨成粉過篩
沙拉油……45ml

C 玫瑰焦糖漿 95g

糖……120g
玫瑰花茶……80g
乾燥玫瑰花……3g
（可依照個人喜好的甜度增減，這樣的糖量是淡淡回甘的甜）

低筋麵粉……100g
玉米粉……20g

做法

1 製作玫瑰焦糖漿。將乾燥玫瑰花浸泡在 80g 的熱水。取一小湯鍋，放入砂糖，用小火加熱至所有砂糖融化，一邊攪拌、一邊分次加入浸泡玫瑰花的熱水，再放入泡開的玫瑰花煮至濃稠狀，即為玫瑰焦糖漿。

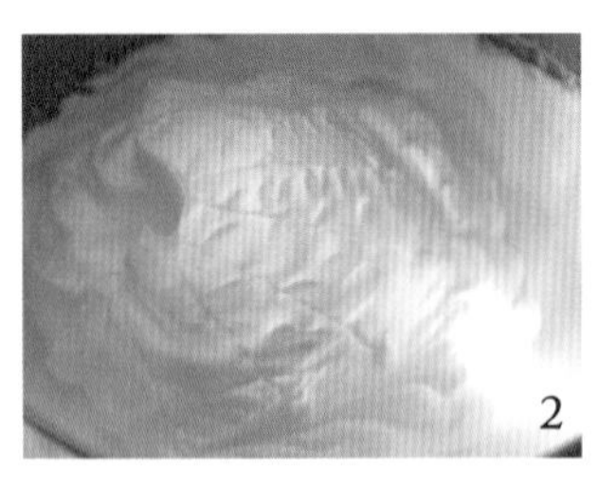

2 蛋白打到出現粗泡時，加入檸檬汁，然後分三次加入細砂糖，打到蛋白呈現小彎勾（蛋白是細緻及挺立的蛋白霜，約七八分發）。

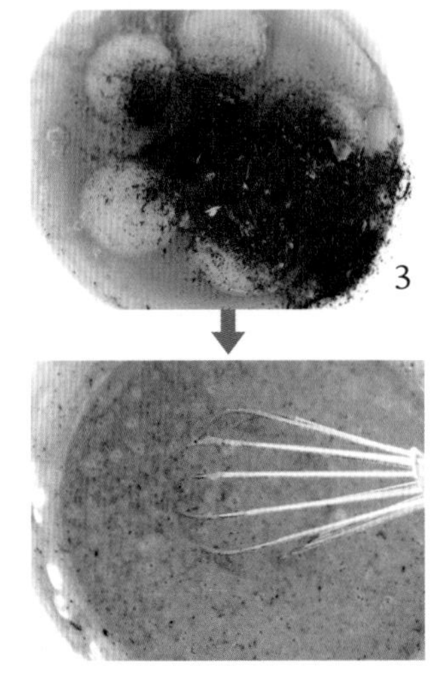

3 玫瑰焦糖漿及紅茶攪拌均勻後，加入蛋黃及沙拉油攪拌均勻，再加入過篩的粉類及紅茶細末攪拌均勻。

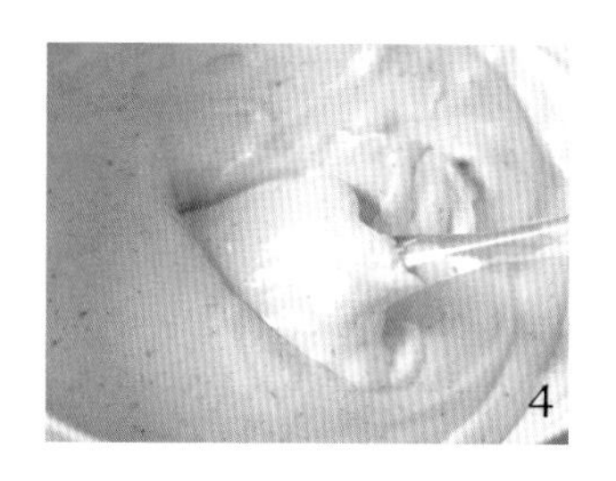

4 取一半的蛋白糊與蛋黃糊攪拌均勻後，再倒回剩下的蛋白糊中攪拌均勻（記得動作要輕巧，邊畫圈圈攪拌、邊轉動鋼盆）

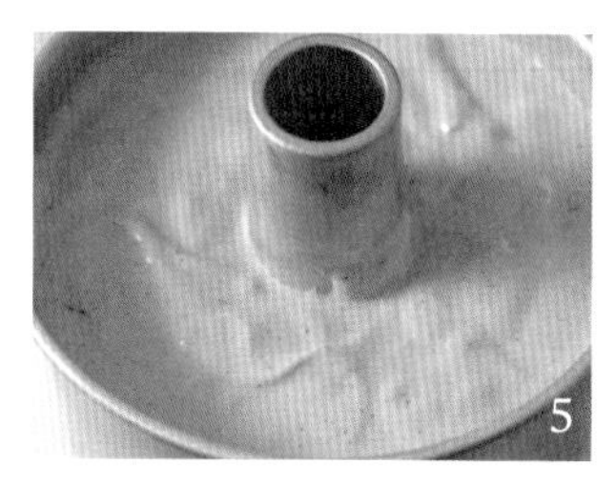

5 將攪拌好的麵糊倒入戚風模中。烤箱預熱175℃（約350 ℉）烤10分鐘後，轉160℃（約320 ℉）續烤30分鐘（可用竹籤插入中心，沒有沾粘麵糊，即完成）。

作者／蘿瑞娜

桂圓紅棗黑木耳露

因富含膳食纖維、多醣體和抗凝血物質三種成分，黑木耳不但能降低膽固醇、控制血糖，也能幫助排便。而豐富的果膠在吸水後會膨脹，容易產生飽足感，加上熱量又低，便成為近年來熱門的養生瘦身食材。

不過，很多人對於黑木耳的生味都有些懼怕，我家老爺便是其中之一。除非放入麻辣鍋中，讓辛辣麻痺了味覺才肯吃，但這款養生又養顏的黑木耳桂圓紅棗露卻成功征服他的味蕾，不管是夏天時冰冰涼涼，或是入秋後想來杯溫溫熱熱的暖暖身子，都非常合適。

材料（約 1 大罐 1200ml）

乾黑木耳（泡開約 90g）...........10g
去籽黑棗（或紅棗）...........6~8 顆
枸杞...10g
桂圓...20g
冰糖......................................50~60g
水...1200ml

做法

1 將乾的黑木耳洗淨，用溫水泡開備用。

2 把泡開的黑木耳、黑棗、枸杞、桂圓及水一起放入大同電鍋的內鍋中，外鍋放 1 杯水，按下電源，跳起後加入冰糖，外鍋再放 1/2 杯水，再按一次電源。

3 待電源跳起後稍微放涼，放入果汁機中打成果汁狀，即完成。

作者／梅子

櫛瓜可可香料蛋糕

美國人料理櫛瓜的方式很有趣多元，很多時候它更像是被當成水果來處理。其實，櫛瓜的風味非常清淡，用來製作甜食一點兒也不違和。用櫛瓜製作的 Zucchini Bread 在歐美養生界非常流行，吃起來類似於馬芬、同屬「快速麵包（Quick Bread）」的一種；但若以國人習慣的口感來詮釋，還是比較貼近於蛋糕。

我們家很喜歡用這一類型的快速麵包做為早餐，除了做法簡單、容易攜帶保存，還可以變化加入各種雜糧、果乾、堅果等食材、均衡營養，而這款添加了櫛瓜的蛋糕體有著濕潤的口感，可可粉以及咖啡則帶出微苦微甜的層次。西式烘焙很喜歡運用香料調味甜食，雖說不習慣可以省略，但我卻覺得香料的使用更能夠凸顯這款蛋糕圓潤渾厚的特色。

材料（長形蛋糕 1 條）

櫛瓜 .... 200 克
海鹽 .... 1 小匙
雞蛋 .... 2 個
葡萄籽油 120ml
砂糖 120g
紅糖 100g
香草精 .... 1 小匙

A 液體 240ml

櫛瓜汁 80ml
鮮奶 160ml

B 粉類

中筋麵粉........................ 300g
可可粉 .... 3 大匙
無鋁泡打粉................... 1 小匙
即溶咖啡粉（無糖無奶精）
.... 1 大匙
薑粉 .... 1 小匙
荳蔻粉 .... 1/8 小匙
肉桂粉 .... 1/8 小匙

碎核桃仁................................ 1/2 杯
巧克力豆.................................. 適量

※ 另準備份量外的碎核桃仁少許做為裝飾。

做法

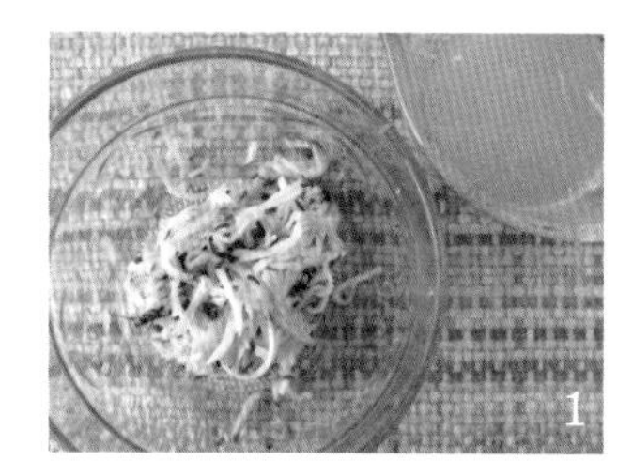

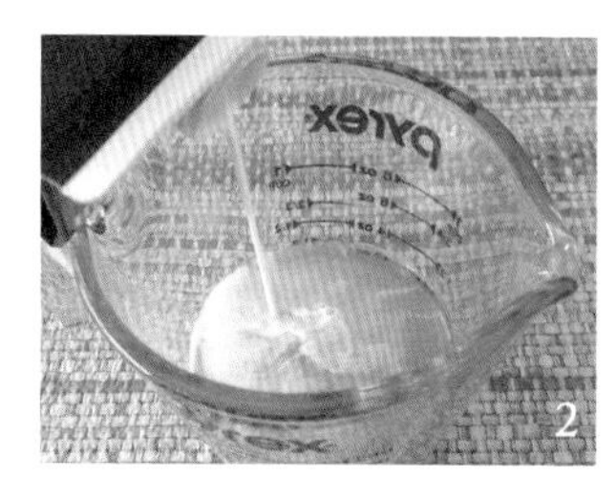

1 櫛瓜刨絲，拌入 1 小匙海鹽，冷藏鹽漬 30 分鐘後，將水份擠出；櫛瓜汁不要拋棄、與櫛瓜絲分別備用。

2 在櫛瓜汁內加入鮮奶：先量一下櫛瓜汁的份量（我大約擠出 80ml），再添入鮮奶補足 240ml。

3 另將雞蛋用力打散至淡黃色、與油脂、砂糖、紅糖、以及香草精混合，然後與 2 的液體混合備用。

4 將所有粉類材料放於盆中，混合均勻。

5 將 4 分 3~4 次輕輕拌入 3 的蛋液中，然後，加入擠乾的櫛瓜絲以及碎核桃，翻拌均勻。

6 烤箱預熱至 200℃（約 400 ℉）。將麵糊倒入烤模，頂部撒少許核桃以及巧克力豆裝飾，以 200℃（約 400℉）烤 25 分鐘後，降溫至 190℃（約 375 ℉），續烤 40 ～ 50 分鐘左右，至竹籤插入蛋糕中心、取出時無濕黏粉漿，即可出爐脫模，放涼後，切片食用。

TIP

・葡萄籽油亦可改用其他植物油脂，如酪梨油、橄欖油等替換。

作者／梅子

無塔皮杏仁蘋果塔

俗稱「金磚」的費南雪（Financier），是一種以蛋白和杏仁粉做為主原料的法式常溫蛋糕，而後傳統配方傳入紐澳，又延伸出變化版的 Friands，於基礎費南雪麵糊中添加入水果、可可等食材，不局限於傳統的金磚模樣，利用家常烘焙模具製作出各樣的小蛋糕，在我看來比傳統金磚更加可愛。

我很喜歡這一類使用水果跟堅果製作的甜點，除了清爽不膩，在享受之餘還能同時攝取對於身體友善的食材；配方中摻入大量的杏仁粉、口感濕潤鬆香。此外，我也常喜歡把麵糊直接裝入鑄鐵鍋中，搭配蘋果薄片（或其他水果）做成大型的蘋果塔，省去分裝小模具的麻煩，吃的時候時再切片分享；因杏仁本身的油脂、蛋糕底層的酥香不輸塔皮，與蘋果的酸甜是絕妙的組合。

材料（12 吋）

- 無鹽奶油……180g
- 蘋果……3 個
- 檸檬汁……2 大匙
- 砂糖……2 大匙
- 海鹽……1/4 茶匙
- 中筋麵粉……100g
- 杏仁粉……125g
- 糖粉……250g
- 蛋白……6 個
- 裝飾用粗糖……適量

做法

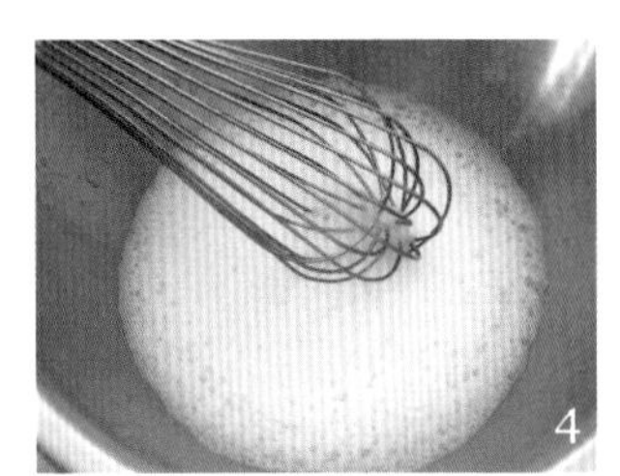

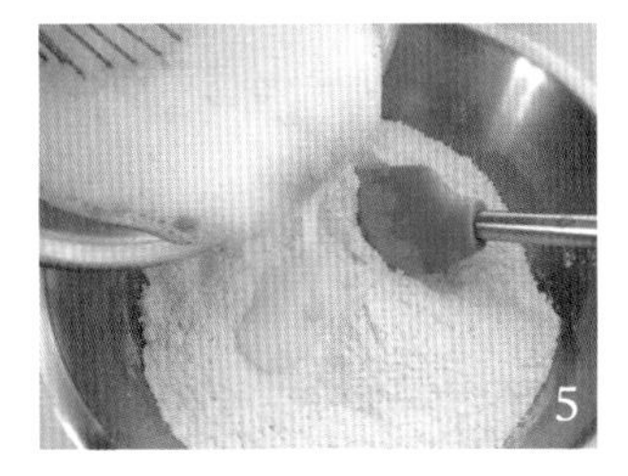

1 在鑄鐵鍋內融化奶油，並熬煮至奶油呈現金黃色澤；將液化的焦化奶油倒出放涼備用，在鍋內留下少許油脂，放一旁備用。

2 蘋果切成薄片，放入檸檬汁、砂糖及鹽，輕輕拌勻備用。

3 在一大盆內混合麵粉、杏仁粉和糖粉，用打蛋器輕攪、使食材混合均勻。

4 將蛋白用打蛋器打散至初期發泡（大泡沫，尚未進入濕性發泡階段）。

5 將 4 的蛋白慢慢拌入 3 的粉類食材內，成為黏稠麵糊。

6 將 1 的焦化奶油慢慢倒入 5 的麵糊內拌勻。

7 烤箱預熱至 180℃（約 355 ℉）。將麵糊倒入鑄鐵鍋內，排入蘋果片，並於麵糊表面撒上粗糖。入烤箱，烤 35 ～ 40 分鐘，竹籤插入無粘黏粉漿，即可出爐。稍微放涼後再切片享用。

作者／梅子

橙花茶

初春三月，我家的幾棵橙樹綻放出滿枝椏的清麗，潔白嬌嫩，空氣裡瀰漫著甜美的橙花幽香。橙花開放的時間頗短，三月裡的蜜蜂忙碌地播粉，隨著翠綠的幼橙吐露，白色的花瓣就會匆匆褪去。品嚐新鮮橙花的芬芳，也就三個星期左右的時間。

在盛產橙花的地中海國家，橙花純露（花水）也常用來製作甜點或烘焙；而以新鮮橙花入茶，更能直接品嘗到渾金璞玉般的感動。養生漢方相信橙花能夠理氣和胃、幫助調理胃脘脹痛、咳嗽痰多、噯氣嘔吐、食積不化或傷食等不適症狀，並能溫養怡神……。但不論養生與否，單只為這醉人的清香，在沾滿露水的清晨，挨著這般的雅緻啜飲一杯當季的橙花茶，都覺得幸福無比。

材料（2 人共享 1 壺）

現採橙花............................5 ～ 7 朵
（見 P054 花草專欄）

茶葉（我偏好紅茶）...................10g

熱水（略低於滾沸溫度）.......500ml

新鮮柳橙（或檸檬）.................1 顆

蜂蜜 ....適量

做法

1 在清晨或黃昏微涼之時，採摘花瓣新鮮飽滿的橙花，若有嫩葉芽以及幼橙也可一併採摘。將花朵、葉芽以清水浸泡，使灰沙沉澱後，撈出洗淨。

2 新鮮檸檬或是柳橙，以削皮刀片輕輕刨下最外層的橙皮，避免裡層的白瓤。

3 橙花（或有連同葉芽、幼橙）與橙皮、以及紅茶用熱水浸泡至香味釋出後飲用。嗜甜者建議搭配蜂蜜，風味特別好。

作者／蘿瑞娜

堅果
戚風蛋糕

使用堅果與使用茶葉的戚風蛋糕在香氣與滋味各有千秋，是原味之外我的心頭好，也都是很適合拿來變化的蛋糕款。豪華一點，我會在蛋糕裡加上堅果碎或是巧克力丁（我用的是奇亞籽巧克力丁，脆脆的口感讓層次更豐富），亦或是再講究點，還可再取適量的堅果醬、巧克力與鮮奶油煮成淋醬，鋪上新鮮的時令水果，絕對是讓人賞心悅目的下午茶點心。

TIP

・料理影片示範。

材料（8 吋戚風模）

A 蛋白糊

- 蛋白................5 個（約 175g）
- 白砂糖................................90g
- 檸檬汁............................1 大匙

B 蛋黃糊

- 蛋黃................5 個（約 100g）
- 油..40g
- 鮮奶..................................100g
- 低筋麵粉..........................100g
- 堅果醬..........................40-50g（可以是花生醬、榛果醬、腰果醬、芝麻醬等等）
- 奇亞籽巧克力豆..............20g（可省略）

做法

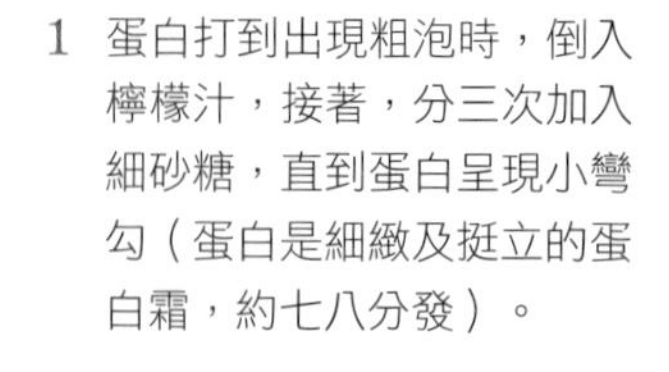

1 蛋白打到出現粗泡時，倒入檸檬汁，接著，分三次加入細砂糖，直到蛋白呈現小彎勾（蛋白是細緻及挺立的蛋白霜，約七八分發）。

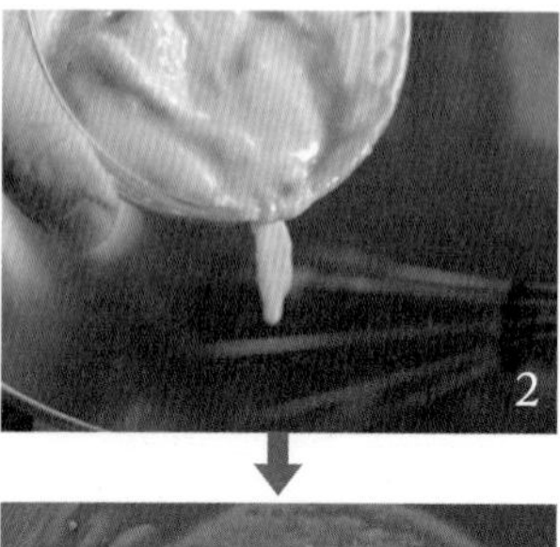

2 堅果醬及鮮奶攪拌均勻後，放入蛋黃及沙拉油攪拌均勻（如有奇亞籽巧克力，在這裡一起加入拌勻）。

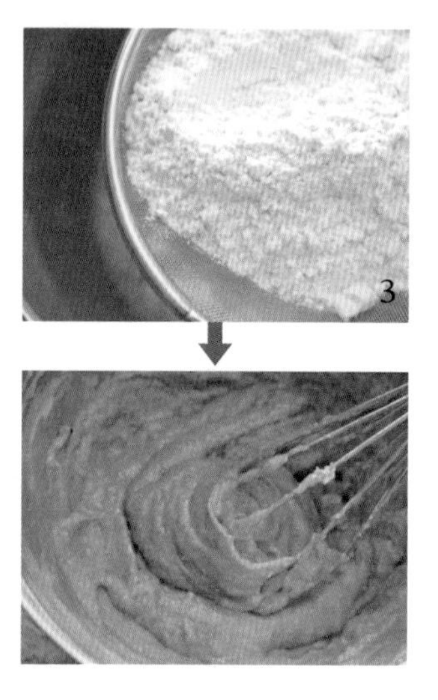

3 取一篩網，將低筋麵粉過篩至 2 的蛋黃糊中攪拌均勻。

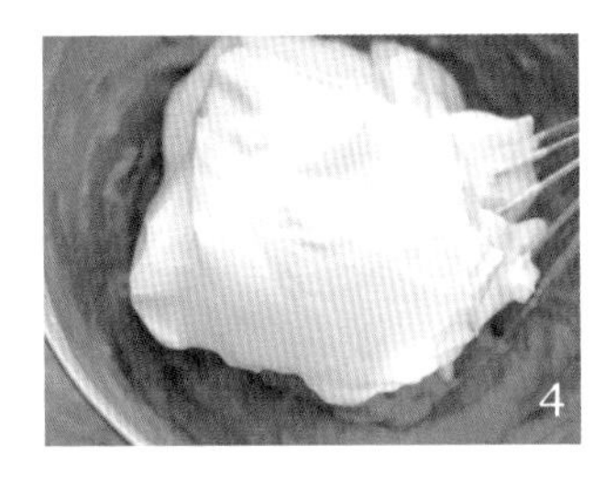

4 接著，取一半的蛋白糊與蛋黃糊攪拌均勻。

5 再倒回剩下的蛋白糊中攪拌均勻（記得動作要輕巧，邊畫圈圈攪拌、邊轉動鋼盆）。

6 將攪拌好的麵糊倒入戚風模中。

7 烤箱預熱 175℃（約 350 ℉）烤 10 分鐘後，轉 160℃（約 320 ℉）續烤 30 分鐘（至以竹籤插入中心，沒有沾粘麵糊為止），即可取出倒扣放涼，再脫模享用。

作者／蘿瑞娜

薑黃蜂蜜堅果飲

薑黃奶有個好聽的稱號為黃金牛奶，原本是印度的傳統飲料，近年來則因為薑黃的功效開始被大家廣為認知，也漸漸受到外國人的歡迎。中醫說法是薑黃具有鎮痛、防癌及降低心血管疾病的功效。而以薑黃、蜂蜜及肉桂所混搭出來的風味近年來在瑞典也很受歡迎，有些咖啡店還會搭配南瓜，在秋季推出限定版的南瓜（或黃金）拿鐵，是款喝了能舒心暖胃的飲品。

材料（2杯）

堅果奶……450g
蜂蜜……適量
薑黃……1小匙
薑汁……1小匙
肉桂……1小條
黑胡椒粒……少許

※ 堅果奶包含杏仁奶、榛果奶、腰果奶等皆可，若沒有也可以改用鮮奶。

做法

1

2

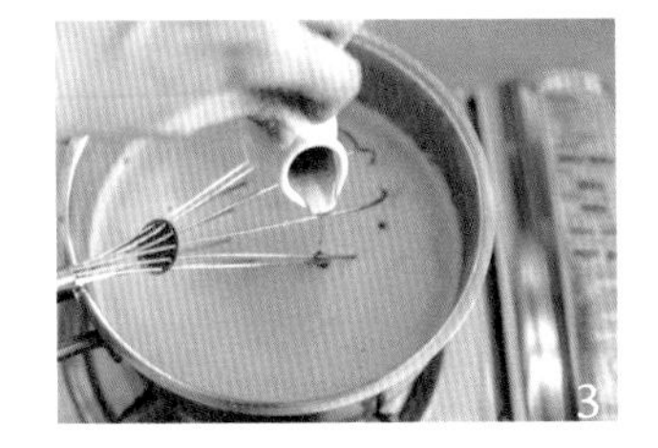
3

4

1 取一小湯鍋，倒入堅果奶。
2 接著，加入薑黃、薑汁、黑胡椒跟肉桂後，邊以中小火加熱、邊攪拌均勻。
3 加熱到80℃度（約175℉，無需煮到沸騰），然後放入蜂蜜調味。
4 最後，撈出黑胡椒粒跟肉桂，即可享用。

作者／蘿瑞娜

薑黃蜂蜜冰淇淋

在食用薑黃時，有個小秘訣提供大家參考，由於薑黃素不易被人體吸收，但若與脂肪類食材一起食用，則可大幅提升食療效果。像是這款薑黃冰淇淋就是最好的例子之一，淡淡的蜂蜜香佐著薑黃特殊的香料味，再搭配上烤得香酥的核桃，香甜濃郁卻又不膩。

材料（1 個 IKEA 玻璃便當盒）

鮮奶油……250g
薑黃……1 小匙
蜂蜜……1.5 ～ 2 大匙
砂糖……2 大匙
海鹽……1 小撮
烤過核桃……適量
蛋黃……1 顆

做法

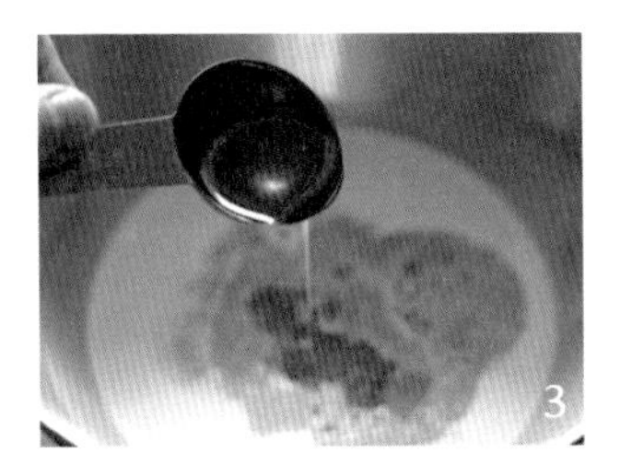

1 將鮮奶油倒入攪拌盆中，加入砂糖及海鹽。
2 然後，加入薑黃。
3 再倒入蜂蜜。
4 接著，加入 1 顆蛋黃。
5 用中低速攪拌至薑黃鮮奶油糊，呈現清楚的滑痕。
6 取一乾淨的方形淺容器，倒入後，放入冷凍庫 8 小時，即可享用。

TIP

- 每3小時取出用刮勺刮鬆後，壓實再放回冷凍，重複2~3次，可讓口感更綿密。
- 若還不習慣薑黃的味道，可減少一半的份量。

作者／蘿瑞娜

黃瓜薄荷檸檬水

用了黃瓜、檸檬及薄荷所泡成的蔬果水，是瑞典人夏季的愛用飲品，餐廳在夏季時提供的飲用水，也多半是這一款黃瓜薄荷檸檬水。原本只覺得這樣的組合喝起來清爽解渴，後來有機會看到一篇營養師的介紹，才發現這樣的組合既能滋潤身體、淨化排毒，還能降低食慾、有助於身體健康的消化，是款養顏兼瘦身的多功效飲料喔！

材料（1 罐 1200ml）

小黃瓜切片............................1 小條
檸檬切片................................1/2 顆
香吉士（或臍橙）切片.........1/2 顆
薄荷...數片
（喜歡的話，還能再加點薑片）
水...1200ml

做法

1 小黃瓜、檸檬、橙子切片。

2 放入玻璃罐中，加入水及薄荷葉。

3 冷藏至少 1 小時，即可飲用（也可前天製作，放隔夜再飲用）。

靜心靚心，
一天給自己一段完整的時間，
品茗淨心

成為母親之後

曾有段時間，我最在乎的是自己是不是一個好媽媽，生活的重心只繞著孩子打轉。漸漸地，開始忘記自己成為母親之前的模樣。那個理想主義到有時樂觀過了頭，過於有衝勁到偶爾小瘋狂，天馬行空、冒險犯難、愛吃愛玩，還略帶點天真浪漫的小女孩。

因為太急切成為一個好母親，於是不知不覺地放棄，放棄了高跟鞋、洋裝、耳環和項鍊、放棄了 KTV 和週末電影院、放棄了睡到自然醒和姐妹聚會、放棄了不按牌理出牌和自我放逐的勇氣……，到最後完完全全地放棄成為自己。直到有那麼一天，終於身心俱疲，失去熱情、失去活力，並開始想念那個能開懷大笑、勇敢築夢、偶爾耍任性的女孩。

然後才發現，失去自己、忘記自己的人，只會離好媽媽越來越遠。

重新回到自己

這一切，就在我把注意力回到自己身上後，開始有了改變。

我恢復中斷 8 年的運動習慣、我努力想穿回 7 年前帶來瑞典的貼身洋裝、我開始會帶著喜歡的小說短暫出走。最重要的，是在每一天中空出一小段專屬於私人的時間，專心一意、沒有雜念地陪伴自己。

這個專屬的陪伴，可以是書中讓人會心一笑的片段、電影裡讓人淚流滿面的畫面、甚至可以只是一首歌、一杯茶、一個不疾不徐的熱水澡。在這當中，去找到自己和內心的連結，感覺著自己的身體，感覺著自己的喜怒哀樂、感覺著自己的感覺。然後順著心，給出自己所渴望的，好好去愛。

靜心淨心靚心

媽媽雖然是世界上最強大的勁量電池，但也需要充電休息。尤其特別需要擺脫柴米油鹽醬醋茶、抽離工作與家庭的疲勞轟炸。而且，不單只有抽離，更重要的是找回自己內心的那份寧靜。對我來說，「喝茶」就是一個讓我找尋到身心寧靜的重要媒介，簡單卻很重要。

如果，你能擁有完整的 1 個小時，那就好好地擺設一個專屬於自己的茶席，然後靜靜地陪著自己品茗。透過喝茶，靜下心、淨下心，你會發現自己的心情因此靚亮而美麗。

茶席裡的主角，是茶。先好好感覺當下想喝的茶款，紅茶、綠茶還是青茶。接著，是茶器的選擇，可以是碗、是杯或是壺，材質可是陶、是瓷、是鐵或是玻璃。再來是挑選茶盤各茶巾，講究點還可搭配蠟燭或小植栽。茶席的準備擺設，就像是為著心上人悉心打扮的那份心意，那份全心全意的美好，也是讓你的心開始慢慢地進入細心為自己準備的這一場饗宴。

甜點
Desserts

選好一個舒適的角落、燒好一壺熱水、備好放鬆的音樂，然後就邀請自己優雅、從容、緩慢的來到這個茶席。

喝茶的儀式之前，先要確定的，是自己的狀態。

第一， 調整坐姿。穩穩地舒服地、放鬆地坐定，那是一個就算坐很久也可以很自在的狀態。

第二， 回歸本我。閉上眼，深呼吸，自我觀照。所有惱人的思緒，擔心著未完成的事，暫時就讓它飄過腦海，不需要抓住它往細部想，就讓它悄悄溜過，然後回到自己的呼吸、感覺自我，安穩且寧靜。

第三， 是提醒自己慢，要慢，要盡量慢。透過慢，你可以覺察到自己的每個動作、每個呼吸。透過慢，你可以輕輕卸下平日的緊繃及過快的節奏。慢下來之後，就能有意識地調整心情，找到一個讓自己舒服放鬆的節奏，找到生活中的平衡，親密、和諧、舒服、自然。

等到靜下心後，便可以開始泡茶。

茶湯的濃淡，可隨自己喜好，浸泡的時間、茶葉的用量、水量的多寡都是拿來調整茶湯的元素。淡茶，或許恬淡回甘卻綿遠流長。濃茶，或許先苦後甘卻齒頰生香。怎樣都好，只要自己喜歡就好。唯一要注意的是，喝茶之前，先深深地吸入茶香，從鼻尖到眉心，然後再慢慢地感受茶湯，從舌尖到你的喉你的胃，並讓身體保持在放鬆輕盈自在的狀態。你可以在喝茶的同時順著身體的律動做些簡單的伸展，然後你就能感受到茶氣在運行，品到茶的靈性。

一杯茶、一個角落、一小段片刻，讓自己回到一個人，回到完整的自己，在這時去跟最核心的自己親密，才能得到深刻的滿足與幸福。唯有如此，你也才有足夠的能量去給出你的愛你的溫暖。這樣的生活態度與示範，也是我想要分享給你們與孩子的一項禮物。

對於現代人來說，晚餐的意義應早已超越食物本身。在整天的各自忙碌之後，晚餐成為能夠凝聚家人情感的一個時段。也因為眾口齊聚，晚餐桌上的料理顯得更加多元，從清涼開胃的涼拌菜，甘醇暖胃的湯品，渾厚飽足的肉品豆類，可口脆爽的蔬菜鮮菇，是種為一日美好劃下圓滿句點的體現。

除了飲食，餐桌更是生活教養的起源；我生長在非常注重晚餐時光的家庭，如今也堅持延續著全家共進晚餐的傳統。關掉電視、不看手機，就單純地享受食物，彼此閒聊著生活瑣事，這是一日之中最美的畫面，才明瞭「再忙，也要回家吃晚飯」這句簡單的話裡，竟包涵著世間最深刻的愛意親情。

晚餐

歡聚的美好時光

PART 4

前菜、配菜
與沙拉

美味的前菜像是糕點上的裝飾，雖說是配角，然得當運用卻如同畫龍點睛，不但能提升餐點風味，同時平衡主餐，均衡營養；在需要清淡飲食的日子裡，這些小菜也常會以輕食的風貌出現在餐桌上，取代主餐而絲毫無減美味與滿足。

作者／梅子

檸檬梅蜜漬蘿蔔

鑽研廚事的多年後，漸漸懂得讓食材來引導技巧的道理；從一開始為了複製特定菜色硬邦邦備料，進化成由了解食材特性來決定料理方向的隨性。於是每年自家菜園最豐收的那幾個月，也是我料理小宇宙大爆發的時節。試想手捧著尚帶有土壤香氣的蘿蔔、幾分鐘前還掛在枝藤上的番茄瓜果、或一筐仍沾著露水的鮮嫩菜葉……，叫人如何抗拒立刻衝進廚房洗手做羹湯的渴望？美麗新鮮的食材，總是能夠帶來無盡的料理靈感與聯想。

食譜裡用的心裡美蘿蔔，是我經過數年幾季的耕植、留籽、再播後的成果；這樣的過程，讓作物一代代逐漸適應當地的氣候與環境，最終進化成為更適合本地種植的品種，於是「吃在地」對於我來說，又有了一層更深的意義。產季蘿蔔的甜美，不適合過度雕飾，刻意避開醬、醋的使用，只用清爽的檸檬汁及鹽梅調味醃漬，蜂蜜使成品除了甘甜，更多了花香餘韻。簡單的調味、更能謙虛地襯托出蘿蔔獨特而柔和的溫婉滋味。

材料（960ml 玻璃罐）

蘿蔔 800g
砂糖 ....2 大匙
鹽 ....1 小匙
蜂蜜 ....3 大匙
檸檬汁 ....1 顆
日式紫蘇鹽梅 ....4 粒

做法

1 蘿蔔切薄片，撒上砂糖和鹽、翻拌均勻後，冷藏數小時至隔夜。

2 日式鹽梅去籽後，切碎；將蘿蔔滲出的漬汁倒出，混合蜂蜜、檸檬汁及切碎的鹽梅，調勻備用。

3 將蘿蔔片塞入玻璃罐內，倒入 2 的漬汁、將蘿蔔用力壓入液面之下，使漬汁蓋過食材，密封後，冷藏醃漬 2 ～ 3 天，待入味後再取用；浸泡一週以上，風味更佳。

TIP

・蘿蔔品種不拘，如果沒有心裡美，也可以使用一般的白蘿蔔製作。

作者／梅子

焗烤白花菜椰棗溫沙拉

這幾年白花椰在歐美流行的程度，遠超過它那綠色的表親。比起綠花椰，白色品種在口感上多了份綿密、少了份青澀，更適合與其他食材和諧配搭。因為它獨特的口感、蔬果的清脆中又帶著類似根莖蔬菜的軟糯，我們家常常拿它來取代高澱粉的主食。

白花椰在烹調的時候不太出水，容易上色、利於醬汁吸附；此外，無論是生脆或是熟軟，在每個狀態下都很好吃，因此，在烹調時間上非常有彈性，也讓白花椰在料理中的運用更具靈活性，可塑性極高。我喜歡用焗烤的方式料理白花椰，烤到邊緣帶點微微焦香、內裡仍是鮮嫩多汁，交織著鹹鮮的培根和軟甜的椰棗，亦有松子的酥脆清香，非常銷魂，不小心就吃掉一大盆。

材料（4 人份）

白花椰……1 顆
油……2 大匙
蒜末……1 小匙
新鮮迷迭香……1 小枝
新鮮百里香……2 枝
鹽……1/2 小匙
黑胡椒粉……適量
椰棗……100g
培根……100g
松子……50g
新鮮巴西里葉……適量

做法

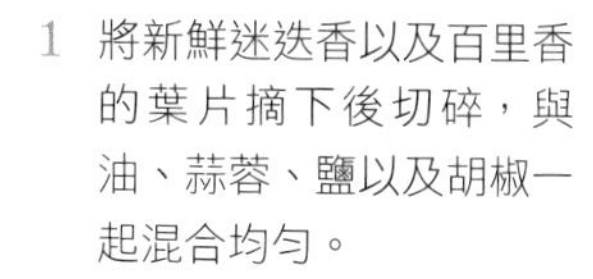

1 將新鮮迷迭香以及百里香的葉片摘下後切碎，與油、蒜蓉、鹽以及胡椒一起混合均勻。

2 花椰菜去除莖部（可削皮後留做他用），頂端可食部份切片，淋上 1 的油料拌勻，入烤箱、以 200℃（約 400 ℉）焗烤 20 分鐘，直到表面微微金黃、花椰菜軟熟。

3 培根切成細條狀，放入鍋內煸炒出油脂；將培根以及多餘油脂倒出，鍋內留一點點油炸香松子。椰棗切小粒，連同培根一起倒回鍋內炒拌均勻、起鍋，與 2 的花椰菜混合，盛盤後，撒新鮮巴西里葉裝飾。

TIP

・沒有椰棗時，也可用葡萄乾或是杏桃乾代替椰棗，亦別有一番風味。

作者／梅子

酸辣嗆白菜

近幾年大家越來越重視超級食物，對於市面上許多的蔬果新寵趨之若鶩，卻往往忘了我們最熟悉的大白菜，也是極為滋養的一種蔬菜，低卡、高纖、富含抗氧化物，而且親民。其實養生又何必捨近求遠呢？像這道酸辣嗆白菜，雖說是一道很鄉土的家常菜，卻十分美味，在我們家屬於端上桌立即秒殺的料理。甜酸辣交織襯托著白菜自身的清甜，口感味感兼備。

令人回味無窮的重點在於製作時花時間煸炒辛香料，讓食材中的香氣被充份激發，更能凸顯豐富的味覺層次。平時購買大白菜，回到家我都會將菜心跟外葉分開料理，而這道嗆白菜的做法、則適合使用比較厚實的外葉菜梗，才會有多汁脆爽的感受。

材料（2～4人份）

大白菜梗……700g
（見 P074 邊角料專欄）

鹽……1 小匙

油……2 大匙

花椒粒……1 小匙

乾辣椒（剪開去籽）……3 根

薑……4 片

白醋（外加 1 大匙做為鍋邊醋）
……1 大匙

砂糖……1 大匙

調味用鹽……適量

做法

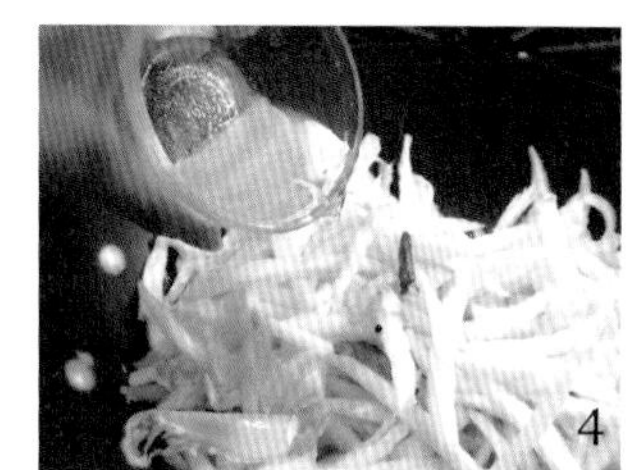

1 大白菜梗切粗條，加 1 小匙鹽，抓拌後醃漬半小時，使白菜梗略微出水、瀝乾汁液備用。

2 鍋內燒熱 2 大匙油，放入花椒粒中火煸炒，直到花椒略糊、香味飄出。

3 放入乾辣椒與薑片，繼續煸炸直到香味飄出、並薑片周圍呈現金黃色。

4 轉為大火，放入白菜梗翻炒；將 1 大匙白醋、砂糖、以及適量的鹽調勻後倒入鍋內一同翻炒。

5 起鍋前最後由鍋邊嗆入 1 大匙白醋，翻拌數下即可盛盤。

TIP

・如果不喜歡吃到花椒粒，可以於步驟 2 煸炒完後，將花椒撈出。

作者／梅子

涼拌白菜滷牛腱絲

記憶裡，外婆家永遠都有一鍋冰鎮在滷汁裡的滷牛腱，取出來切片就能上菜。珍貴的滷汁，之後還會加碼變出滷蛋跟滷豆干，而這道涼拌白菜牛腱也是兒時餐桌常見的佳餚。那時候還沒有超級食物的概念，單憑主婦的直覺，端出來就是一盤葷素合宜、營養均衡的美味；想來這就是婆媽的智慧，懂得善加利用事先準備好的料理，即使是忙得團團轉的日子、也能快手變出菜餚餵飽全家。

歷經數十年的味道自然也傳承到我手中。住在美國，這大概是其中一道最容易複製出的家鄉味。滷味家家有、特色自成，目前的居住地無法隨時購買滷包，因此，我必須靈活利用手邊的香料自配，但我深信每一家都有習慣的滷香，這是種改變了就會使一道熟悉菜色變得彆扭的氣味慣性，無論是到熟識的中藥材行配製、用慣了的市售的滷包、亦或家傳的配方，都值得堅守。涼拌用的大白菜、我更喜歡使用厚白的梗部，那常是嫩葉用盡後剩餘的邊角料，如果太過肥厚、就橫剖片薄後再切細絲；豆干、牛腱、胡蘿蔔等亦然。總之，材料的粗細決定涼拌菜的口感，因此，在刀工上需盡量仔細為好。

材料（4～6人份）

A 滷包

- 月桂葉……2片
- 花椒……8~10粒
- 胡椒……8～10粒
- 八角（小）……1個
- 多香果（Allspice）……2顆
- 桂皮……1小截
- 白荳蔻……2粒

B 滷牛腱

- 滷包（或自家滷包）……1份
- 牛腱……1200克
- 蔥（切段）……3枝
- 薑片……30g
- 黃冰糖……70g
- 紹興酒……60ml
- 老抽……60ml.
- 生抽……60ml.
- 清水（剛好蓋過食材）……2000～2400ml
- 海鹽 依喜好適量…約3大匙

C 沙拉

- 大白菜梗……250g（見P074邊角料專欄）
- 鹽……1小匙
- 滷牛腱……150g
- 青蔥……2～3枝
- 豆干……60g
- 胡蘿蔔……60g
- 香菜嫩葉……15g

D 涼拌醬料

- 砂糖……2大匙
- 白醋……2大匙
- 麻油……2小匙
- 醬油……2小匙

做法

1 將滷包材料放入一次性藥材袋中。

2 牛腱燙熟洗淨，將所有材料放入鍋內煮開後，以小火燉煮，直到牛腱熟透。關火、冷卻後，連同滷汁冷藏、浸泡隔夜，入味後，再切片食用最好。

3 大白菜取厚白梗部（葉尖留作它用），切細絲後、撒1小匙鹽抓拌，靜置10分鐘入味出水，而後撈出、滴乾多餘水份備用（不要擠壓）。

4 牛腱、青蔥、豆干、胡蘿蔔等分別切絲，香菜洗淨瀝乾。將所有沙拉材料拌和。

5 將涼拌醬料於小碗中混合、直到砂糖溶化，要上桌之前，再淋入沙拉拌。

TIP

・滷牛腱本身即為一道料理。浸泡入味後切成片，淋滷汁、蔥花、香菜、香油，喜歡吃辣的也可以淋花椒油、紅油等。

作者／蘿瑞娜

涼拌百香果南瓜

我很喜歡百香果酸中帶甜、清爽開胃的滋味。無論是拿來涼拌（除了南瓜，青木瓜也是不錯的選擇）或冷泡水果茶，都是炎炎夏日裡專屬於我的舒心料理。

材料（2～3 人份）

A 百香果醬

- 百香果 .... 3 顆
- 砂糖（視百香果甜度）............. 約 2~3 大匙
- 檸檬汁 ....1 大匙

南瓜 .... 300g（見 P046 南瓜專欄）

海鹽 .... 1 小匙

做法

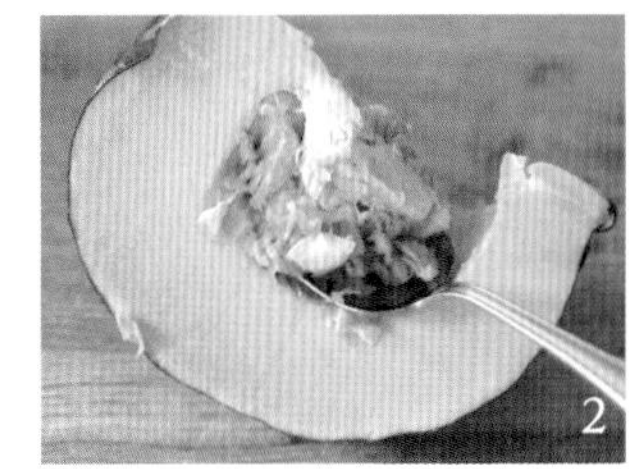

1 煮百香果醬。將所有材料放入小鍋中，煮滾後轉中小火，再煮 10~15 分鐘至濃稠狀，即可熄火備用。

2 將南瓜去皮去籽。

3 用刨刀將 2 刨成長條的薄片。

4 把刨成片的南瓜，放入缽中，加入海鹽抓過，靜置一段時間使其軟化去青，待南瓜軟化後，用涼開水洗淨瀝乾。

5 將 4 與煮好放涼的百香果醬拌勻，靜置至少半天，使其入味即可享用。

作者／梅子

紅藜蝦鬆

在製作這道蝦鬆時，我刻意放入煮熟的藜麥來增添口感，營養也更均衡。這幾年，藜麥是非常受歡迎的超級食物，到處可見它的踪跡。我在冰箱裡常備煮好後分裝冷藏（冷凍）的熟藜麥，吃的時候熱一下、或直接摻入料理內，非常方便。搭配蝦仁的蔬材，必須兼顧色彩以及口感，薑蒜等要盡量磨細；因蝦仁風味清爽、所搭配的辛香料不適合太濃烈。蔬材切丁時，要講究形狀一致、並且不能大過蝦仁，這樣炒出來的主題才會明確好看。

我有儲存蘑菇梗或是香菇梗的習慣，每次買菇就順手將梗統一冷藏或冷凍存放，之後再做為它用。將切成小丁的蘑菇梗用奶油炒至金黃，混入蝦鬆內，邊角料善加利用、就成為在口中增添驚喜的提味食材。這裡我選用蘑菇而非香菇的原因，是蘑菇本身味道清淡、剛好襯托出蝦仁的清甜，用香菇反倒顯得喧賓奪主了。

材料（10份）

蝦仁……350g
米酒……1 大匙
胡蘿蔔……50g
鮮筍……50g
櫛瓜……50g
蘑菇梗……60g
無鹽奶油……2 大匙
松子……1/4 杯
熟藜麥……1/2 杯
（見 P038 藜麥專欄）
蒜蓉……1 大匙
薑茸……1 小匙
青蔥……2 枝
海鹽……適量
炒菜用油……適量
生菜葉（取圓托狀的部位）……10 片
裝飾用香菜或其他香草……少許

A 香料

花椒粉……約 1/4 小匙
五香粉……約 1/4 小匙
白胡椒粉……約 1/4 小匙

※ 花椒粉、五香粉及白胡椒粉可依個人喜好各適量添加，沒有一定量。
※ 蔥白蔥綠分開、各細切成蔥花。

做法

1 熟藜麥半杯，取出放置室溫備用。

2 將胡蘿蔔、鮮筍、櫛瓜、蘑菇梗等蔬材仔細切成小丁、蝦仁切丁，拌入米酒備用。

3 新鮮松子用乾鍋小火慢慢焙香，到表面金黃上色，倒出備用。

4 將切丁的蘑菇梗用無鹽奶油煸炒至完全脫水、並呈現金黃色澤，盛出備用。

5 依序炒熟胡蘿蔔、筍丁、櫛瓜後盛出、再將蝦仁炒熟盛出備用。鍋內加少許油脂依序爆香薑蒜、蔥白，重新倒入蝦仁、以及香料快炒；待蝦仁稍微變色，放入煮熟的紅藜，大火不斷翻炒至乾爽。

6 放入 5 處理好的蔬材，用海鹽略微調味；倒入松子、快速混合均勻後起鍋盛盤。最後，撒上預留的蔥花（蔥綠的部份），即可上桌、與生菜葉同食。

TIP

・雖然大部份的菜餚都需要趁熱享用，但我覺得將炒好的蝦鬆放置一下、稍微降溫，更為爽口合宜，除了能吃出食材的爽脆之外，以生菜包裹時，也方便取用，不會因為食材的熱度將生菜葉捂得軟爛而影響口感。

作者／梅子

墨西哥風酪梨沾醬

我在南加州住了大半生，大學時期更是住在洛杉磯市中心，附近墨西哥餐廳或是餐車比比皆是，因此，要說是吃著墨西哥料理長大的，也不為過。墨西哥料理多注重原食材跟全食物的應用，鮮少使用人工調味品，是我非常喜歡的料理之一；在外面吃到喜歡的菜色，就嘗試自己在家複製，為了認識食材，還時常到西裔超市遊蕩，比手劃腳地跟英語不靈光的店員攀談，就這樣也學了不少墨西哥料理。

當中有一道料理困擾了我許久，那就是墨西哥餐廳裡常見的酪梨沾醬；明明是很簡單的東西，但自家做的卻總有沉重膩口的感覺，就是不如餐廳裡那種在舌尖上跳舞的蓬鬆清爽。直到有次無意間在餐廳看師傅在桌邊現做沾醬，才發現原來要用少許的氣泡水提升沾醬的蓬鬆度，這樣一來，綿密高油脂的酪梨不再黏膩，反而變得清爽滑細，吃的時候，還能感受到氣泡在舌尖上的麻酥感，非常具有層次，是我心中最完美的墨西哥酪梨醬。

材料（2～4人份）

中型番茄................4個（約360g）
紅洋蔥..80g
香菜（切碎）..............................10g
酪梨...6個
海鹽...適量
胡椒粉...適量
青檸（擠汁，或萊姆）...............2個
無糖氣泡水...........約2～3大匙
全麥口袋餅................................4張
橄欖油...................................1大匙
海鹽...適量
胡椒粉...適量

做法

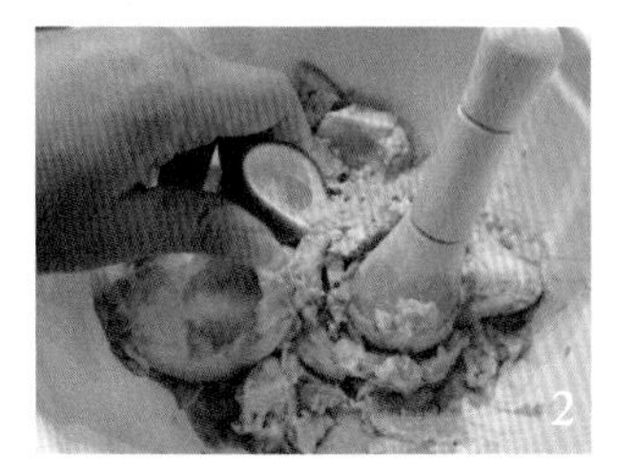

1 番茄挖去中心籽瓤後切丁；紅洋蔥切成小丁備用。

2 酪梨對半剖開，挖除中間種籽後，將果肉挖出，放於碗中，以適量的鹽、胡椒粉調味，並擠入青檸汁，一起壓碎至呈泥狀。

3 在酪梨泥內倒入氣泡水，輕輕翻拌均勻。

4 放入番茄丁、洋蔥丁以及香菜，輕輕拌勻，即成酪梨醬。

5 在口袋餅的兩面刷上橄欖油，分割成小三角片，平鋪於烤盤上，均勻撒上少許海鹽以及胡椒粉，以200℃（約400℉）烤20分鐘，取出放涼，即可用以沾食酪梨醬。

TIP

- 口袋餅脆片放涼後，會更加酥脆，因此，要注意不要過度烘烤，邊緣酥脆中間還有些彈性，即取出。
- 酪梨醬適合做好後，立即享用，建議先將食材準備好，上桌前再拌入組合。

作者／梅子

香草醋漬什菇

住在國外，常會糾結在很簡單的食材上。美國市場裡雖然能見到各種蘑菇，然因飲食習慣的不同，其他如蠔菇、杏鮑菇、舞茸菇等菇類，則只能等到華人區採辦時大量購買，所以我必須學會如何將大量菇類食材一次性的處理保存。除了直接料理，我喜歡搭配院子裡的新鮮香草、用醋漬的方式處理過剩的菇類，油封後裝瓶冷藏，做為小菜或是常備菜，單獨食用或是再添料重組都很合適；如此延長食材壽命、平日裡就可以常吃到喜歡的菇類（天然調味料專欄內介紹的「日式醬漬茸菇」也是異曲同工）。

相較於其它季節性蔬菜，菇類屬於全年產量價格穩定、也較無農藥污染疑慮的食材。在台灣雖然購買方便，然而若是碰上季節性的菜價不穩，不妨一口氣將大量菇類處理好，以備不時之需，利用醃漬罐裝的方式保存，縮小體積、節省冷藏空間。

材料（960ml 玻璃罐）

A 綜合菇類

- 蠔菇
- 舞茸菇
- 杏鮑菇

……共 1000g

奶油	2 大匙
巴西里	30g
紅蔥	120g
細香蔥	30g
辣椒（可省略）	適量
蒜末	30g
醋	100ml
糖	2 小匙
鹽	1 小匙
胡椒粉	適量
橄欖油	適量

做法

1. 將菇類清洗乾淨。蠔菇、舞茸菇等分切成小朵，杏鮑菇切片；鍋燒熱後，放 2 大匙奶油，將菇類倒入鍋中。
2. 保持大火，不要翻動，待底層菇片開始轉為金黃色、體積明顯縮小，再稍微拌炒；繼續大火煸炒、至所有菇片都成為金黃色，並整體乾爽無汁。
3. 巴西里、紅蔥、細香蔥、辣椒等分別切成碎末。
4. 放入炒好的菇類，與除了橄欖油外的所有材料一起拌勻。
5. 將拌好的菇類裝瓶，倒入適量橄欖油、掩蓋過菇類，密封冷藏，醃漬 3 天以上食用。取用時保持乾淨、冷藏可保存 2 ～ 3 週。

中西
家常料理

家常料理的出發點是舒適與享受的，無論是烹調或是品嘗的過程，都能夠於心靈上得到最大的療癒與滿足。運用順手常見的食材，以輕鬆熟悉的方式料理出獨到的滋味…… 家的味道，這應該就是家常料理的真諦。願我們家中平日裡最真摯的料理，能夠藉由文字穿越到你的餐桌上。

作者／蘿瑞娜

鷹嘴豆泥佐蔬菜條、烤肉串、希臘優格黃瓜

小志先生有位來自摩洛哥的同事，有回邀請我們到他家燒烤，當時就是獻出了下面的這三道料理，他說，這是家鄉的傳統料理，既營養又美味。而這三道組合，的確可以帶來視覺及味覺上多層次的享受，試過後便會深深著迷。

中東烤肉串

材料（4～5 人份）

雞胸……3 個（690g）
蒜頭……8~10 瓣
紅椒粉……2g
鹽……1 小匙

A 香料（50g）

黑胡椒……20g
丁香……12g
豆蔻……6g
肉桂……2 條

做法

1 將雞胸肉切成大丁。

2 取一大缽，將雞丁、蒜末及調味料放入攪拌均匀，醃漬至少 3~6 小時。

3 取竹籤，將醃好的雞丁串起來。

4 取一鑄鐵煎鍋，鍋底抹少許油，鍋熱後，放入雞肉串。

5 帶兩面皆炙燒至金黃酥香，即可起鍋享用。

鷹嘴豆泥

一開始，我的鷹嘴豆初體驗是在餐廳的沙拉冷盤中，當時對這種食材並沒有特殊的感覺及喜好，直到試過中東朋友做的鷹嘴豆泥（Hummus），再沾著他們特製的烤餅（沒有的話，搭棍麵包也很美味），才驚為天人的發現，這樣食材迷人的魅力。

材料（4～5人份）

熟鷹嘴豆……250g
水……50g
希臘優格……3大匙
橄欖油……2大匙
白芝麻醬……60g
檸檬汁……1大匙
蒜頭（壓泥）……2大瓣
鹽……適量
孜然粉……1/2小匙
紅椒粉……適量

做法

1 將鷹嘴豆在前一晚泡水備用，隔天放入鍋中，加水煮熟（也可以用大同電鍋）。

2 將煮熟的鷹嘴豆及其他所有的食材（除了希臘優格）全部放入果汁機（或食物處理機）中，打至細滑狀。

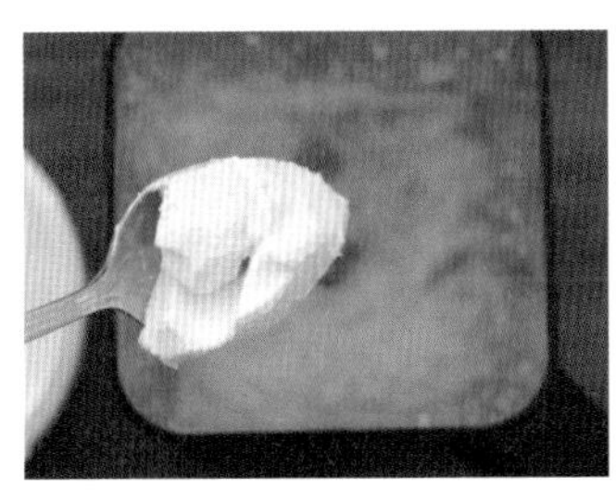

3 最後，拌入希臘優格拌勻，盛盤後，在表面撒上一些紅椒粉即完成。

TIP

・料理影片示範。

希臘優格黃瓜醬

在地中海或中東的烤肉中，常常可見搭配的沾醬 Tzatziki。希臘優格佐上小黃瓜嘗起來十分清爽，很適合拿來平衡烤肉的油膩口感，也適合當成麵包或沙拉的沾醬，是道多用途、且適合夏天的料理。

材料（4～5人份）

小黃瓜（去籽，刨絲）……2條
蒜頭……2瓣
希臘優格……250g
檸檬汁……20g
鹽……適量
粗粒黑胡椒粉……約 1/2~1 小匙
薄荷（可省略）……適量

做法

1 將小黃瓜去籽後，刨成細絲。
2 接著，把希臘優格倒入一小砵中。
3 加入蒜泥、檸檬汁、鹽巴及粗粒黑胡椒粉，攪拌均勻。
4 接著，加入小黃瓜絲及薄荷碎，攪拌均勻即完成。

作者／梅子

美式燕麥鄉村肉餅

鄉村肉餅（Country style meatloaf）是美國家庭餐桌上非常受歡迎的一道絞肉料理，若主婦宣布當天要吃肉餅，那可是件會讓全家一起歡呼的大事。這道肉餅的確有其獨特的迷人之處，紮實飽滿卻又入口即化，口感豐富圓潤又容易消化，肉類與蔬材均衡混搭，是種充滿擁抱感的幸福料理。

一般製作肉餅時，會在絞肉中混入剩麵包或是麵粉增加柔軟度，但我喜歡軟中帶有一點點彈性的口感，無論是麵包或是麵粉的配方、對我來說，都略顯鬆散了些，但若添加過多又會使口感過於厚重。於是我選用了另一種不但口感好、而且營養價值極高的食材、那就是燕麥。燕麥富含水溶性纖維，用鮮奶事先煮成燕麥糊、混在絞肉裡，讓肉餅不彈嫩也難。

傳統美式肉餅需要搭配番茄醬汁，雖是家常，但用幾種不同食材勾勒出的甜酸口味充滿層次、並不俗氣單調，用來搭配肉餅、反而有種解膩的清爽感。

材料（4～6人份）

A 肉餅

燕麥片 .... 1 杯（約 100g）
鮮奶 480ml
牛絞肉 1000g
洋蔥 100g
胡蘿蔔 200g
培根 340g
蒜 .... 5 瓣
巴西里 30g
蘋果泥 .... 1/2 杯
（見 P201 天然調味專欄蘋果泥做法）
紅糖 ....1 大匙
雞蛋 .... 2 個

B 肉餅調味料

肉桂粉 .... 1/4 小匙
薑粉 .... 1/4 小匙
荳蔻粉 .... 1/8 小匙
新鮮百里香（取葉切碎）
.... 2 枝
新鮮迷迭香（取葉切碎）. 1 枝
鹽（依喜好適量）...........3 茶匙

C 甜酸茄醬

紅糖 30g
番茄醬 120ml
Dijon 法式黃芥末
..........................4 大匙（60ml）
蒜末 .... 1 大匙
烏醋 ....1 大匙
檸檬汁 .... 1 大匙
蜂蜜 .... 1 大匙

做法

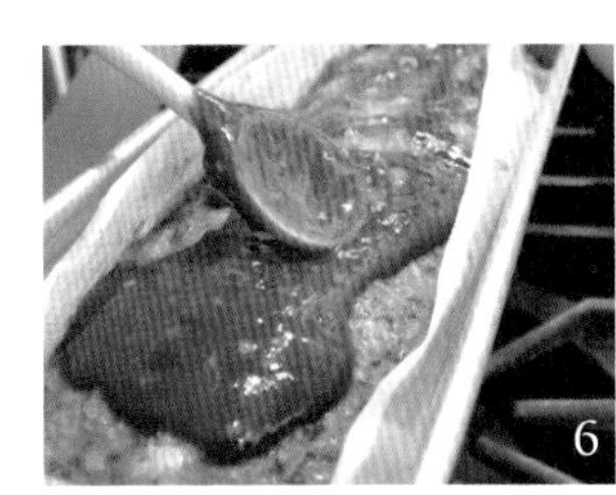

1 將麥片與鮮奶放入小湯鍋內，用中小火煮開，一邊攪拌，直到燕麥呈糊狀，即離火放涼備用。

2 將胡蘿蔔與洋蔥用調理機攪碎成泥狀；蒜和巴西里分別切碎備用。

3 培根切丁、炒熟，瀝掉多餘油脂，放涼備用。

4 烤箱預熱至 160℃（約 320 ℉）。將 1、2、3、以及其餘所有肉餅材料、調味料等混合均勻，入長條烤模、頂部加蓋錫箔紙，入烤箱烤約 1 小時。

5 將所有甜酸茄醬的材料放入小湯鍋內煮開。

6 將 4 的肉餅取出，掀開錫箔紙，於肉餅頂部塗抹一層甜酸茄醬，放回烤箱再烤 20 分鐘；取出肉餅，重複一次抹醬的步驟，續烤 15 分鐘。出爐後，稍微放涼、先小心倒出容器內湯汁，再脫模切片（也可以在模具中直接劃開切片後取出），淋上原汁以及剩餘甜酸茄醬同食。

作者／梅子

香煎鮭魚鮮橙沙拉

這道餐點源於我在美國經營過的複合式餐廳，鮭魚和酸甜鮮橙的搭配受到許多客人的喜愛。其實原食譜內還有球莖茴香（Fennel bulb），但茴香本身特殊的八角味在國內的接受度較低，於是替換了風味淡雅、但也爽脆多汁的涼薯，季節合宜的時候，也可以用當季的水梨替換。

幫餐廳設計菜色時，我很注重料理在餐盤上是否看起來「Vibrant」，也就是食材色相搭配是否明艷協調，讓人有看到就忍不住想吃的感覺。我喜歡用白色餐盤搭配繽紛的食材，凸顯原食物天然的色彩，就如畫家手中的彩筆，運用得當，就是一幅美麗的畫。而遍享五色食物的好處，遠不止於賣相，更多的是依循食物天然的色彩密碼，均衡地攝取不同的養份。

材料（2人份）

A 鮮橙沙拉

各種綜合橙類 4 ～ 6 個
（柳橙、血橙、葡萄柚、青檸、黃檸檬等）取果肉
....................................共約 300g
紅洋蔥 20g
涼薯 50g
小黃瓜 50g
新鮮蒔蘿...............................適量
香菜 ....適量

B 橙汁淋醬

橙汁 120ml
砂糖 ....1 大匙
鹽...................................1/8 小匙

C 香煎鮭魚

鮭魚 .... 2 片（共 400g）
清酒 ....1 小匙
糖 ....1 小匙
鹽...................................1/2 小匙

> **TIP**
> ・如果無法取得足量橙汁，可以添加些清水補充。

做法

1 將橙子兩頭切除，直立於砧板上，將外皮、連同白色內膜用刀縱向削去。

2 將裸露出的果肉從筋膜中間切下取出，剩餘的中心部位放一旁備用。

3 鮭魚洗淨、擦乾，兩面抹上清酒、鹽、糖，醃漬 20 分鐘後，入鍋煎熟。

4 將涼薯、小黃瓜、洋蔥等分別切細絲，與橙肉、蒔蘿、香菜等混合，為鮮橙沙拉。

5 將 2 的橙心壓擠出汁（共約得 120ml 左右綜合橙汁）、濾掉渣滓籽子等。

6 橙汁內調入砂糖和鹽，用小火熬煮濃縮（約剩 80 ml 左右），離火放涼即完成淋醬。將沙拉與鮭魚於盤內組合，淋上橙汁即可。

作者／蘿瑞娜

三杯時蔬綜合菇菇

身處瑞典的我，總是羨慕著寶島台灣有著美白菇、秀珍菇、杏鮑菇、舞菇等各色鮮美的菇類。一方面菇類本身的口感就很討喜，另一方面，營養價值也很高，除了富含蛋白質、維生素B群、維生素D和礦物質外，更是良好的膳食纖維及高鹼性食品，其孢子內的多醣體可以抗癌並增強免疫力，再加上熱量低的特性，是我拿來製作養生或瘦身料理的最佳選擇。

材料（2～3人份）

舞菇..150g
小香菇（泡軟）.......................10朵
蘑菇..250g
小甜椒（切小塊狀）.............1/2顆
長豆（斜切）..............................適量

A 調味料

麻油................................6大匙
米酒................................6大匙
蠔油................................3大匙
醬油................................3大匙
糖........................1又1/2大匙

做法

1 起油鍋，放入適量麻油，熱油後，用小火爆香薑片。

2 待薑片呈現乾扁捲曲狀後，放入泡軟的小香菇及蒜頭。

3 炒至蒜頭香氣出來後，下其他的菇類，並加入調味料，煨煮至入味。

4 另起一鍋水，水滾後汆燙長豆，接著，撈起備用。

5 起鍋前，加入甜椒、燙好的長豆及九層塔，稍微煨煮一下，拌炒均勻即可。

TIP

・料理影片示範。

作者／梅子

紙包三椒蝦

事先混合製作的香料鹽是我日常快速上菜的秘招，烹調時善用香料鹽，不但讓過程更流暢，並且香料的複合香氣能夠讓料理更具深度，保持食材原風味的同時，更可打破使用過多加工醬料的慣性，以達到「簡調味」的養生目的。

歷來所製之香料鹽種類頗多，而當中我最喜愛的莫過於三椒鹽。自從開始製作三椒鹽，廚房中就固定備有此味，時時嘗試著運用在不同的料理中，畢竟這三椒的組合（花椒、胡椒、辣椒）實在太對我嗜辣愛辛的味蕾了。某日在院中升營火、端出鑄鐵鍋無意而為，用紙包的方式加上手邊現成的三椒鹽，在燜紅的炭火之上做了這道快速簡單的紙包三椒蝦。喜愛它的乾淨利落，從此便入了口袋名單，即便沒有營火，於家中爐火之上製作，一樣行得通。

材料（4 人份）

帶頭大蝦.............15 隻（約 800g）
半開烘焙紙................................2 張
平底鑄鐵鍋（平底鍋）...........10 吋
三椒鹽（依喜好增減）.........3 大匙
清酒..2 大匙
油...1 小匙

A 裝飾提味用

蝦夷蔥末（或其他香草）
....適量

※ 三椒鹽做法請見 P196 天然調味專欄。

做法

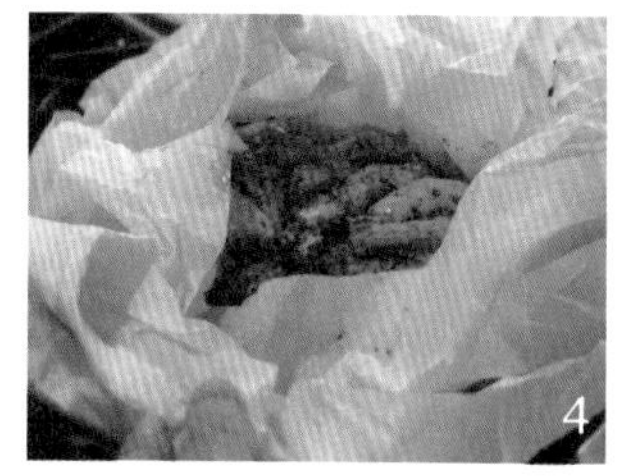

1 剪去蝦鬚以及蝦腳，由背部挑出泥腸，洗淨後擦乾。鑄鐵鍋內鋪烘焙紙，將大蝦平放排入。

2 淋上清酒、油，均勻撒上三椒鹽。

3 將烘焙紙緊密包起，連同鑄鐵鍋直接上爐，大火焗烤。

4 鍋熱後，轉至中火繼續焗烤 10 ～ 15 分鐘。離火再燜 3 分鐘，即可拉開紙包頂端，撒入蝦夷蔥末，連鍋上桌。

TIP

- 焗烤當中可以將紙包略微掀開檢查熟度：若是蝦殼整體轉紅、並冒出水蒸氣，便代表熟透。
- 料理影片示範。

作者／蘿瑞娜

印度薑黃雞肉堅果飯

來了瑞典，超市裡的異國香料比起台灣容易取得許多，於是香料架上的瓶瓶罐罐越來越豐富，五顏六色的 Pepper、辣椒、荳蔻、薑黃、茴香、孜然 ......，琳琅滿目到除了當調料，也變成廚房裡可愛的裝飾品。

而薑黃，則是在我開始輕斷食並研究食材本身的特性及營養價值後，才發現它的好。薑黃素是印度咖哩呈現漂亮金黃色澤的主要來源，在中國及印度都使用薑黃來調節生理機能、滋補強身。使用奶油、蒜頭及薑黃一同下去製作的薑黃雞肉飯，香氣迷人，風味絕佳。

材料（5～6人份）

大雞腿（切塊）2隻
洋蔥 1小顆
蒜頭 4～5瓣
奶油 3～4大匙
肉桂條 1條
月桂葉 3～4片
泰國米（或印度米）3米杯
水（或雞高湯）4米杯
葡萄乾 適量
烤香杏仁 適量

A 調味料

薑黃粉 1小匙
咖哩粉 2小匙
鹽 適量

TIP

・料理影片示範。

做法

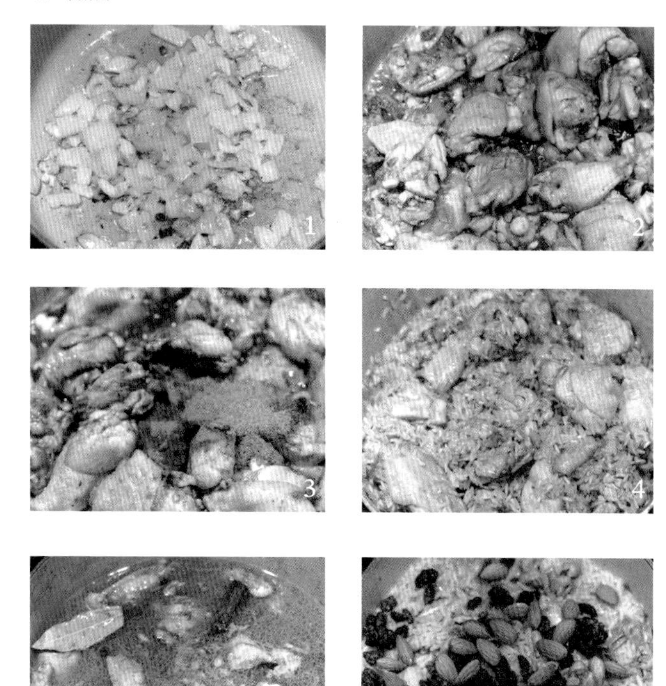

1 熱鍋融化奶油後，放入洋蔥、蒜末爆香（喜歡吃辣的人，還能放點乾辣椒）。

2 接著，放入切小塊的雞腿拌炒，將雞皮的油煸出。

3 加入薑黃粉及咖哩粉炒香。

4 把洗淨的白米倒入鍋中，一起拌炒均勻。

5 加入水，然後再拌勻，等待水開始冒泡，蓋上鍋蓋，轉中小火煮18分鐘。

6 時間到後，開蓋加入杏仁跟葡萄乾拌勻，接著，蓋上蓋再燜5~8分鐘即完成。

作者／梅子

火腿燉白豆

這是一道非常簡單樸實的美式鄉村燉豆，食材也很單純。乾豆與火腿，都是西式廚房的基本存糧，搭配香料架上的常備軍以及花園中種植香草，以小火慢燉的方式熬煮出令人感到溫暖滿足的家庭式美味。

豆類富含纖維以及蛋白質，足夠取代肉類做為全餐的營養，因此，在這道料理中火腿只是配角，以其鹹香來滋潤提升白豆的風味而已。

我喜歡用清爽的嫩葉生菜或是香草來搭配濃郁的燉煮類料理，只在上桌前簡單地用橄欖油以及少許檸檬汁輕輕翻拌數下，保持蔬材的原型及脆爽，以此襯托出主題食材的渾厚。生菜的選擇很隨意，通常是菜圃內巡視一圈後的順手採集，時而是各種葉菜的新芽，時而則是園中香草的嫩尖，再不然將市售的生菜切絲，以相同手法處理，一樣美味。

材料（2～4人份）

白豆（乾）................................200g

帶骨鄉村式火腿（Ham hock）
....800g

洋蔥 150g

蒜瓣.................................. 4～5顆

月桂葉 5片

新鮮百里香............................. 2枝

多香果（Allspice）.................10粒

黑椒粒 1茶匙

清水...適量

海鹽（視火腿鹹度適量增減）....少許

A 綜合生菜沙拉

綜合沙拉嫩葉（或香草嫩葉）
....1小把

檸檬汁 1小匙

橄欖油 1小匙

TIP

- 多香果是歐美常見的香料，氣味像是幾種香料的混香，因而得名。若手邊沒有多香果則可用少量八角、荳蔻、丁香、以及肉桂混合代替。
- 帶骨鄉村式火腿可用京華火腿或是培根代替。

做法

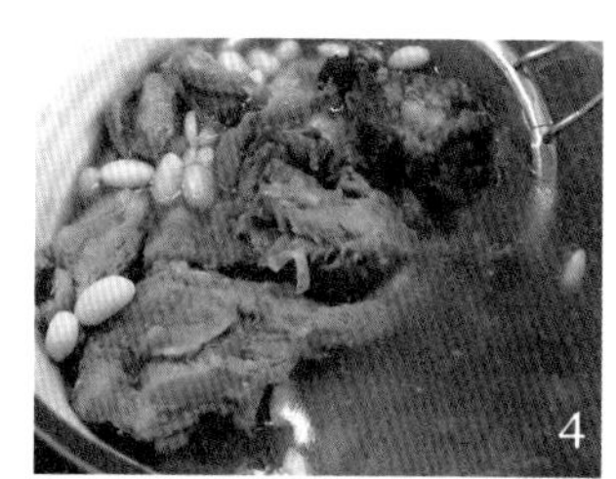

1 白豆沖洗後，用清水浸泡4小時至隔夜，瀝乾備用。

2 將香料放入拋棄式茶袋，連同帶骨火腿、洋蔥、蒜瓣等一起入鍋，注入適量清水蓋過食材，煮開後，小火熬煮至火腿軟爛離骨。

3 將火腿以及香料包取出，倒入1的白豆入鍋。

4 將火腿去骨，肉倒回湯汁內，與白豆繼續熬煮至酥爛。

5 出鍋前，若仍有較大的火腿肉塊、用叉子剝散後倒回；若火腿本身不鹹，則可斟酌用鹽調味。

6 擺盤前，再將沙拉菜葉、橄欖油、與檸檬汁輕輕拌勻，置於燉豆頂部。

作者／蘿瑞娜

苦茶油麵線蛋煎

在以往，苦茶油便是產後調理最佳的滋養品，因此，台灣日本等地都將苦茶油做為「月子油」來使用。以我自己為例，這幾次我都是依循古法坐月子，媽媽和婆婆都準備了頂級冷壓苦茶油給我，常吃的月子料理像是煸了薑片再炒的黑糖茶油桂圓、香氣逼人的茶油煸雞腿，或是直接拿來乾拌麵線然後配滴雞精吃。

這道蛋煎麵線，是從奶奶那學來的古早味，外皮酥脆帶著蛋香，佐著醬油膏吃下，超級幸福。

材料（**2～3人份**）

麵線..1 把
雞蛋..2 顆
薑..6~8 片
苦茶油..........................3～4 大匙

做法

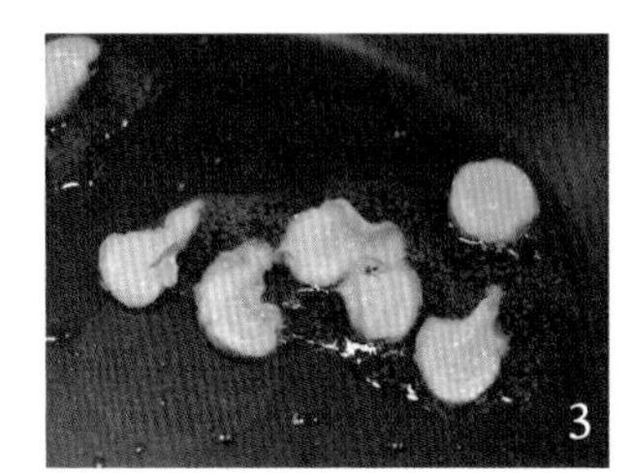

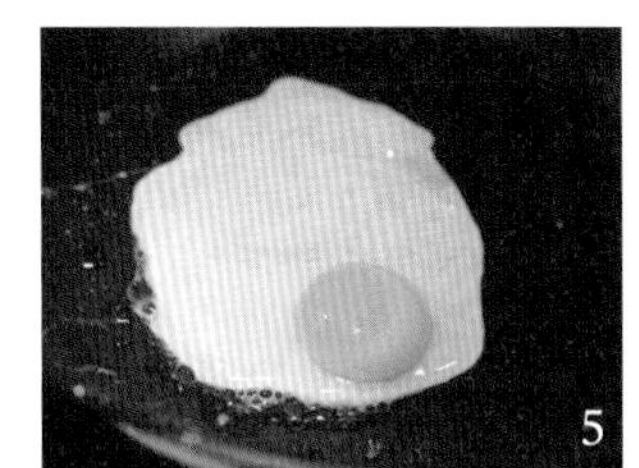

1 將麵線煮約 8 分熟（中間還有一點點夾生），撈起沖冷水。

2 將一顆雞蛋打入砵中，與瀝乾的麵線攪拌均勻。

3 起油鍋，加入苦茶油，用中小火爆香薑片，至薑片呈現卷曲狀。

4 盛出薑片，放入拌好的雞蛋麵線，中火煎到一面金黃。

5 先盛出麵線，打入另一顆雞蛋，接著再把還沒煎的那面朝下，鋪在雞蛋上方。

6 再續煎至兩面金黃酥脆，即可起鍋。

TIP

・料理影片示範。

作者／蘿瑞娜

野薑花烏龍雞湯

我一直很喜歡野薑花雅緻脫俗的香氣，經友人介紹後才發現野薑花窨茶，能把它特殊的香氣保留在茶葉裡。這種製茶方式是透過把野薑花與烏龍茶拌合窨製，讓茶香中融入野薑花香，初試之後就覺得拿來入菜一定很棒。果然，與菇類一起燉煮的野薑花烏龍雞湯，帶著淡雅的茶香花香，讓小志先生不經讚嘆我又帶領他的味蕾體驗了一場前所未有的饗宴。

材料（4～5人份）

土雞（切塊）……1隻
水……1800ml
野薑花烏龍茶葉……12~15g
綜合菇類……250g
米酒……3~4大匙
薑……5片
枸杞……1小把
鹽……適量

做法

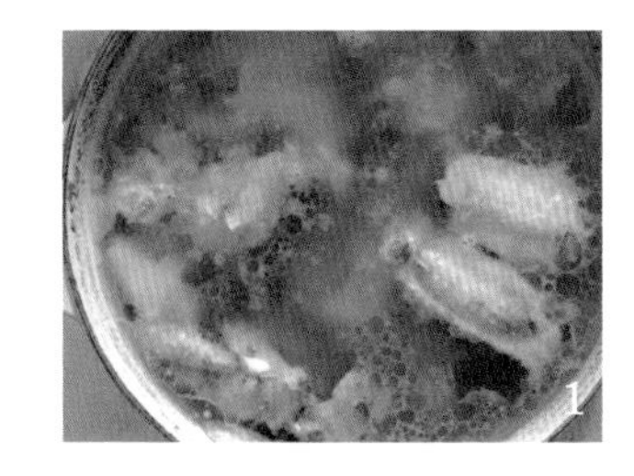

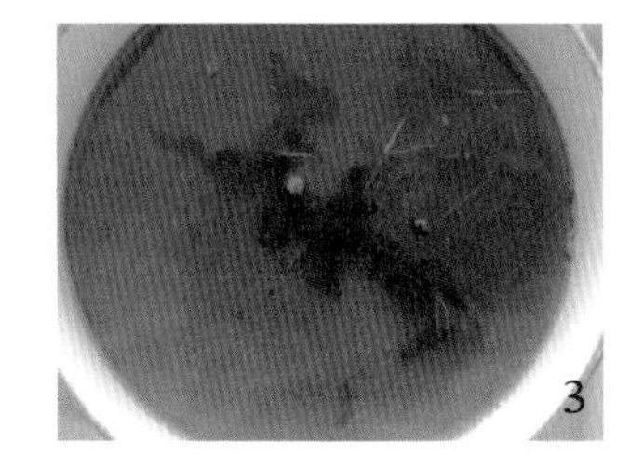

1 煮一鍋水，水滾後，將雞肉放入汆燙至浮沫出來。

2 將汆燙過的雞肉放至活水中洗淨。

3 取一大湯鍋，放入1800ML的水，水滾後放入野薑花烏龍，熄火浸泡1~2分鐘，接著撈出泡開的茶葉。

4 把菇類、薑片、汆燙洗淨的雞肉放入3中，大火煮開，後加入米酒及鹽，蓋上蓋轉中小火，燉煮半小時。

5 起鍋前，撒上洗淨的枸杞，再煮1~2分鐘即可享用。

作者／蘿瑞娜

干貝牛肝菌寬麵

這道干貝牛肝菌寬麵，有幾個料理的小技巧我特別先提出來，好讓大家在料理時更能掌握。首先，用少許奶油先將干貝後取出，最後才擺入拌麵，好保有干貝鮮甜的風味與軟嫩的口感。接著同鍋爆香菇類再用牛肝菌馬爾頓鹽調味後與麵條一同煨煮，讓整體風味更是調和口口都嚐的到菇類的精華。麵條我則選用了台式寬版大麵，比起義大利寬麵更易取得，口感也更好。利用煨煮麵條時所釋放出的澱粉質，最後再與鮮奶油拌一拌，就能產生白醬濃郁的質地，只要 10 分鐘，不用另外熬醬、也不需另外煮麵，一鍋到底就能輕鬆完成這道多層次風味的干貝牛肝菌寬麵，學起來讓你一秒變大廚。

材料

新鮮干貝（培根）......................3 粒
洋蔥（切絲）.......................... 1/2 顆
蒜切末 .... 4 瓣
乾辣椒（不吃辣者可省略）
....3 支
雞油菌菇（鴻禧菇或秀珍菇）...80g
蘑菇切片.......................................4 朵
水 300ml
白酒 80ml
鮮奶油 60ml
寬麵......................... 2 片（約 120g）
櫛瓜（切厚片）................. 1/3 小條
乾燥羅勒（或新鮮）.................適量
馬爾頓牛肝菌鹽（或香料鹽）
....2 小匙

馬爾頓牛肝菌鹽

做法

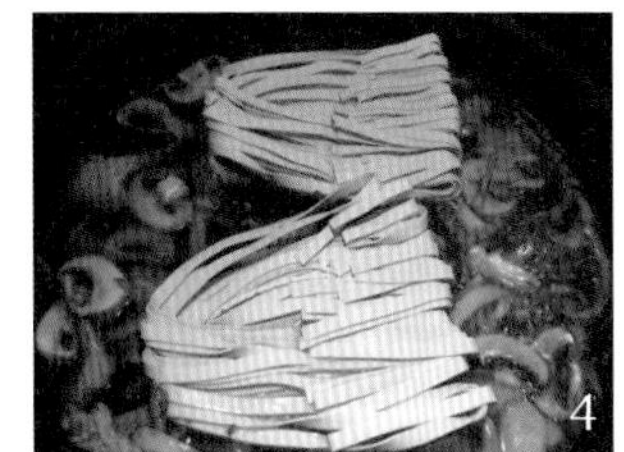

1 干貝用廚房紙巾吸乾水份後，放入燒熱的鍋中（放少許油即可），煎至兩面金黃，然後取出備用。

2 接著，同鍋放入洋蔥拌炒至透明狀，然後放入蒜片及乾辣椒爆香。

3 於 2 中放入菇類拌炒至香氣出來，再加入牛肝菌鹽調味。

4 倒入水、白酒、麵條，大火燒開後，蓋上鍋蓋，轉中火煮 6 分鐘。

5 加入櫛瓜拌勻後，至稍微收汁。

6 起鍋前，拌入煎好的干貝、鮮奶油及乾燥羅勒（或喜歡的香料），即可盛盤享用。

作者／蘿瑞娜

桂花烏龍醉雞

住在國外多年，因為看醫生不易，更深切體會到「藥補不如食補」這句話的真諦。因此，家中總會常備一些基本的中藥材，好順應節氣與身體的狀況來搭配料理食用。多年下來，我發現，當歸、枸杞、黃耆三者是許多藥膳料理中不可或缺的黃金鐵三角組合，搭配上桂花烏龍茶入菜，風味更是極致。

肉質軟嫩又帶著甘醇紹興酒香的醉雞，一直是宴客菜中的熱門選擇。只是傳統的做法，得用棉繩來綑綁雞腿，蒸（煮）好後，還要另外熬煮當歸紹興酒汁來浸泡雞肉捲，不但步驟繁複、更耗時費工。這次用了廚房小幫手錫箔紙，就能快速捲好漂亮的醉雞捲唷！

材料（2～3人份）

去骨大雞腿……2隻
桂花……1～2小匙
枸杞……適量
當歸……5～6片
白酒（可換用米酒或紹興酒）……5＋3大匙
鹽……適量

A 浸泡醬汁

桂花烏龍……3g
（沒有就用烏龍茶加乾燥桂花取代）
醬油……60ml
白酒（也可用米酒）……60ml
味醂……45ml

做法

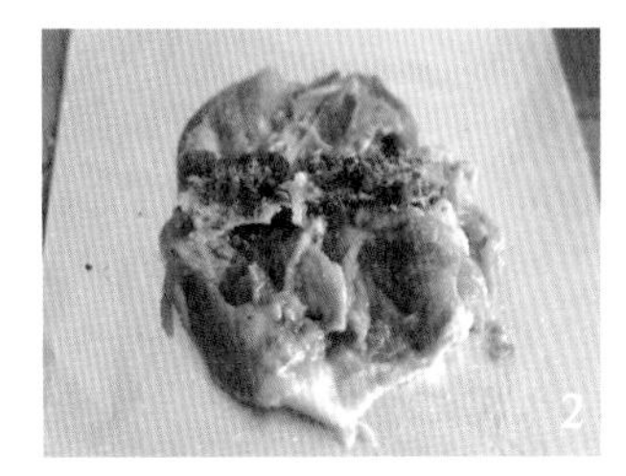

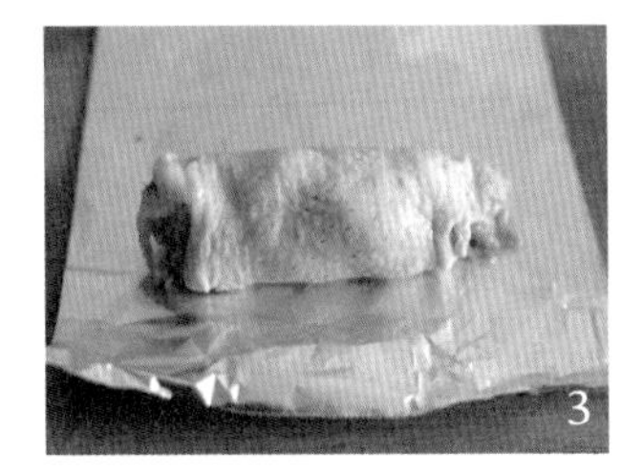

1. 將桂花、枸杞跟當歸，洗淨瀝乾後，浸泡在5大匙白酒中1～2小時備用。
2. 取一張錫箔紙，放上雞腿，中間鋪上適量的桂花、當歸跟枸杞，撒上適量的鹽及白酒。
3. 將雞腿捲起。
4. 再用錫箔紙把雞肉捲捲起兩側收口，放入大同電鍋中，外鍋放1杯水，按下電源，跳起後，取出放入一玻璃容器中。
5. 將醬汁的材料放入一小鍋中，加熱至煮沸即熄火，接著把醬汁倒入4中，浸泡一夜即完成。

／專欄／梅子 · 蘿瑞娜

找回天然的滋味

隨著年紀漸長，除了更喜愛食物的原始風貌，我發現自己的烹調方式也越發簡單了。正因為調味從簡，對於所使用調味品的要求也相對提高了。

好的畫家，能夠單用墨色描繪出整幅層次豐富的山水、絲毫不顯枯燥，而巧妙的調味手法亦然。返璞歸真，實際上是一種味覺的進化，是花時間慢慢陶冶出飲食審美觀的過程。我們變得更願意悉心品嚐海鹽、礦鹽、岩鹽之間微妙的風味差異，也欣賞香草鹽、香料鹽等充滿餘韻的豐盈鮮香；漸漸覺得精製砂糖甜得魯莽，反而更嚮往水果、蜂蜜、椰棗等食材的天然馥郁、回甘而不膩；變得無法忍受添加物在舌尖上造成的麻澀，並開始懂得利用蕈類海味等鮮味素材襯托出原食物的渾潤甘醇。

只要善加使用這些擁有豐富天然滋味的素材，簡調味也能夠帶出甘、香、鹹、鮮、等多層次的味感。回歸真食的根本，才是美味的王道。

鹹味—鹽與調味鹽

在一同討論本書構想的時候發現，我和蘿瑞娜對於鹽都有蒐集癖，出門旅行時常都會帶回幾罐「在地鹽」做為戰利品。

我總覺得鹽是一種帶著產地靈魂的食材。

形狀色澤風味各異的鹽品，各有各的特色；來自不同的背景、地緣、製作方式，每篇都是故事。它們在嘴裡的滋味是能夠牽動心弦的，看來不起眼，但卻撐起料理的骨幹。廚師手中的一撮鹽，放入的時間、加入的手法、品種的使用，就能決定一盤菜最後的命運。

我喜歡自己製作各種香草鹽以及香料鹽，不單單為了迷人的香氣、陳列起來又是道餐桌上美麗的風景，更因為對於忙碌的人來說，事先混合好的調味鹽，不失為一種方便的料理撇步。

香草鹽

自家種植香草的福利之一，就是可於盛產季大量製作香草鹽。迷迭香、百里香、鼠尾草、甚至於蝦夷蔥花等，都非常合適製鹽；摘採葉頂花朵、洗淨、晾乾，再混入海鹽或玫瑰鹽中，時間是唯一的催化劑，幾週後香草鹽即成。我常用香草鹽來醃漬肉類，尤其是大塊的焗烤，像是帶骨肋眼，用力揉搓入味，燒烤時的香氣格外誘人。

PEPPER
PEPPER
SALT
SALT & PEPPER
SALT
SALT
SALT
SALT
SALT
SALT
SALT
SALT
TV video
SPICES
SPICES
SPICES
SPICES
SPICES
SPICES
SPICES
OIL
EXTRA VIRGIN OLIVE OIL
PUMPKIN SEED OIL
PISTACHIO OIL
VINAIGRETTE
VINAIGRETTE
VINEGAR
VINEGAR
OLIVE OIL
OLIVE OIL
OLIVE OIL
OLIVE OIL
OLIVE OIL
CHOCOLATE FONDUE
EVERYTHING TASTES BETTER DIPPED IN CHOCOLATE
CLIP-ON SPOON
COFFEE

鹹香椒麻的三椒鹽

我偏好花椒、胡椒、辣椒這三種香料的味感組合，用來料理或醃肉都很合適。因為不想每次都花時間炒香磨香，索性製成方便的「三椒鹽」，常備在爐邊，料理的時候撒上一些、增色添香。像是書中介紹的「紙包三椒蝦」（P182），就是利用三椒鹽變化出的快速下酒料理，鮮辣吮指，回味無窮。

三椒鹽的製作方式很簡單，香料的比例也非絕對，依照各家口味加減即可：

1 花椒粒、黑椒粒、粗海鹽，約 1：2：4，放入乾鍋內、中火翻炒至香味釋出（火不能太大，要慢慢炒香），直到海鹽呈現乾燥粉狀。

2 趁熱放入小石磨內搗碎，到胡椒跟花椒粒都粉碎時，放入適量的乾辣椒，繼續搗碎均勻即可。

胡椒、花椒與辣椒的組搭方式、會帶出不同的辛辣層次感，可依照各家喜愛的香、麻、辣的程度來調整比例。乾辣椒不需要一同入鍋煸炒，容易發黑發苦。

我通常用的都是自家種植自己晾曬的乾辣椒，有時手邊正好沒有、又選錯市售產品，成品風味真的差很多！市售的乾辣椒種類很多，請盡量選用高品質的產品為佳。

這樣的做法適合於任何的「種籽類香料鹽」，如：花椒鹽、胡椒鹽、甚至孜然鹽等。製作大份量時，不妨改用調理機打磨，喜歡粉末狀的，也可以打得更細一點；我本身倒很喜歡帶點細顆粒的香料鹽，或許是心理作用，但個人覺得帶點顆粒的香料鹽用起來，比粉末要來得更香。

甜味—蘋果泥

美國有個平民化、健康又方便的食材，那就是「Applesauce」蘋果醬（蘋果泥）。它並不是塗抹麵包用的「果醬」、而是純粹的、預先製作好的果泥。在這裡，人們幾乎是吃Applesauce長大的，隨便一個超市都能購得，天然有機、大罐小罐任君挑選；大人們吃這個來補充膳食纖維，孩子們吃這個當成點心，就連學校的營養午餐、或是醫院的病房護理餐中都會供應；除了方便營養兼美味外，蘋果醬還能應用在烹調及烘焙中，以增添濕潤度、減少砂糖用量，實在是巧婦不可多得的全方位食材。

其實，蘋果泥在家裡自製比購買還要簡單，並且果泥的製作方式同樣適用於西洋梨。無論是蘋果泥或是洋梨泥、用途多得無法細數，是投資報酬率很高的瓶裝常備食材。

你可以將果泥直接拌入麥片、優格，也可以用來製作鬆餅麵糊、麵包；又或是用來醃漬泡菜、醃肉，燉肉、入咖哩、製作濃湯（添加了果泥的南瓜濃湯十分美味）。書中分享的「美式燕麥鄉村肉餅」（P176），就使用了蘋果泥代替部份砂糖，不但提升了料理層次，更增添不少迷人的果香。

1

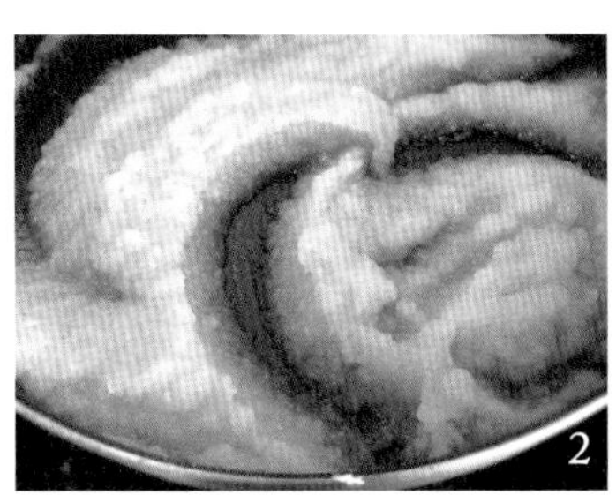

2

3

蘋果泥做法

1. 將蘋果去皮切塊，放入果汁機內，連同少量清水（水量依各機器攪打的基本所需調整）以及 1 小撮海鹽（作用為提味跟保鮮）、一起攪打成幼細的果泥狀。
2. 然後倒入平底鍋內，用中小火慢慢拌炒。
3. 至大部份添加的水份都蒸發，即可趁熱裝罐。西洋梨也可做同樣的處理，亦可混合蘋果一同製作，風味各有千秋。裝罐後待降至室溫、封罐入冰箱冷藏。取用時保持清潔、可保存 1 個月左右。

TIP

- 若同時製作大量的蘋果泥，可將切好的蘋果先浸泡在淡檸檬水裡、減少氧化變色。
- 使用完全潔淨無油無污的罐子盛裝。

鮮味—自製味精／鮮味粉

科學家分析由新鮮食材燉煮出來的高湯其鮮甜的來源，一是來自胺基酸中的麩胺酸，一是來自核苷酸其中的肌苷酸及鳥苷酸。蔬果中富含麩胺酸的如海苔、番茄、洋蔥，肌苷酸含量豐富的食材有牛肉、豬肉、羊肉及柴魚片，鳥苷酸則是可在香菇松茸中發現。所以，潘懷宗教授曾在節目上分享，若要在家自製天然無添加的味精，只要使用昆布或海苔片（麩胺酸）、乾香菇（鳥苷酸）、乾柴魚片（肌苷酸）放入食物處理機中乾打成粉末，就能複製出天然食材所熬出高湯中的鮮甜元素。

反觀市售增鮮的味精，不是柴魚、香菇就是昆布跟干貝口味，只要善用這幾項食材，料理的成品不太需要調味，也能相當美味。有時，我們只想快速煮個湯或下個麵，若家中備有個天然的自製味精，就相當方便又能兼顧美味。我選用家中現有的材料，把櫻花蝦（或柴魚）及香菇乾鍋炒香後，再與昆布一起打成粉，最後，拌上冰糖跟鹽巴，只要 5 分鐘 3 個步驟，就能完成自製的鮮味粉，不管煮麵、煲粥、炒菜，都非常方便好用，讓家人吃得安心美味又健康。

材料

櫻花蝦（或蝦皮、柴魚片、小魚乾）......50g
乾香菇......50g
昆布......1 片（約 10g）
冰糖......40~50g
鹽巴......1 小匙

做法

1 把香菇跟櫻花蝦以乾鍋炒香（先用水沖過，然後用廚房紙巾吸乾。
2 接著，把香菇、櫻花蝦及昆布放入食物處理機中分次打成細末（粉末較細時，再加入冰糖鹽巴一起打）。
3 用篩網過濾，即可裝罐使用。

有了天然甘鮮的自製鮮味粉，順便介紹這道非常適合夏季的常備菜：日式醬漬茸菇。盛夏日天天滿頭大汗，最不想踏入的就是廚房，餐點簡化再簡化，電鍋變成好朋友，清爽低油的水蒸料理最受歡迎。因此，每逢補貨購回的一大堆菇類，除了直接享用，我會將部份醬漬罐裝，長時間冷藏保存。

這款醬漬茸菇除了是很好的佐餐小菜，也可以當做烹調時的鮮味食材，隨手變化出簡單菜餚，像是書中介紹的「茸菇海鮮蒸蛋」（P094），又或是魚排搭配蔬菜、以鹽跟清酒略醃，電鍋蒸熟，澆上茸菇醬就是一道菜，無油無炊，夏季之煮婦最愛。

材料（1 小罐）

鴻禧菇..250g
海鮮菇..250g
金針菇..500g
自製鮮味粉（或是市售日式高湯包）
....60g
清水..500ml
味醂..240ml
淡醬油..120ml
糖..2 大匙
海鹽..適量

做法

1. 將鮮味粉裝入一次性茶袋內。菇類切除根部木屑，切成小段，沖洗乾淨，並瀝去多餘水份。
2. 接把所有材料放入鍋內煮開，以中火熬煮至汁液呈現粘稠狀，即可關火放涼。
3. 待降至室溫，裝入乾淨玻璃罐內冷藏。3 日後啟封最為入味好吃。每次用乾淨的器具取用，可以冷藏 2 ～ 3 週左右。

從小生長在以「吃」來凝聚感情的家族中，自然就養成了開心時，要大吃慶祝，難過時，要靠大吃療傷，壓力大時，更需要透過吃來舒壓，生氣時，還是得用吃來洩憤的一個人。所以，除了正餐，零食點心對我來說也是生活中不可或缺的主角，因為總有某些時候，你是極需要一些抓著就能入口的小食，讓你在嚐著嚼著的剎那，眉頭會漸漸鬆開、嘴角會微微揚起，接著，味蕾跟心裡開始覺得深深地被安撫與寵愛。而大多時候，這樣的小食多半是我們認知中的垃圾食物。這一篇則要顛覆你的想法，用 Super food 變身成讓人吃得刷嘴、也不忘健康的零食點心。

自製零食
涮嘴也不忘健康
PART 5

鹹味小點

我常笑說，自己有兩個胃，一個專吃鹹食，另一個則專攻甜點。而且還有著某些特定時刻會只想配著某些食物吃的強迫症。像是週末電影院的時候，想吃鹹酥雞配炸薯條，看美劇的時候，想啃著洋芋片配冰淇淋。這個鹹味小點系列，就是專攻嘴裡想來點鹹香味的時刻。

作者／蘿瑞娜

藜麥炸鹹酥魚塊

有時候我喜歡把藜麥蒸熟，當作我的隱藏版食材，像是包入水餃中，打進五穀漿中，或是像這樣裹在魚片外取代麵衣。炸過的藜麥，又香又酥，有類似米香的口感跟香氣，讓整個魚片外酥脆，內部卻保持多汁軟嫩，可說是炸物最高境界的表現。每次聽到藜麥在鍋中炸的嗶嗶波波響時，小志先生就興奮地知道，晚上又有他愛吃的炸魚塊了。

材料（3～4人份）

鯛魚片（或鱈魚片）....6～8大塊
雞蛋..1顆
麵粉 ....適量
胡椒鹽 ....適量
蒸熟藜麥 1小碗
（見P038藜麥專欄）
自製鹹酥雞粉..適量
地瓜...適量
四季豆..適量
九層塔..適量

做法

1 將雞蛋打散，與蒸好的藜麥、麵粉分別裝在三個容器中。
2 取一片鯛魚，依序沾上雞蛋液、麵粉。
3 將3裹上藜麥，靜置1~2分鐘。
4 起油鍋，鍋熱後，放入炸至兩面金黃。
5 最後將南瓜及四季豆放入油鍋中，稍微炸透，起鍋前放入九層塔過油，即可盛盤，食用前，灑上自製鹹酥雞粉即可享用。

TIP

・料理影片示範。

自製鹹酥雞粉

材料（3～4人份）

胡椒鹽....................4大匙
（胡椒鹽＝黑白糊椒3大匙＋鹽巴2小匙）

肉桂粉....................1小匙

咖哩粉....................1小匙

豆蔻粉....................0.5小匙

孜然....................0.5小匙

辣椒粉....................0.5小匙

蒜粉....................0.5小匙

五香粉....................0.5小匙

甘草粉....................0.5小匙

做法

把全部材料放到小炒鍋中，小火炒到香氣出來即可裝罐。

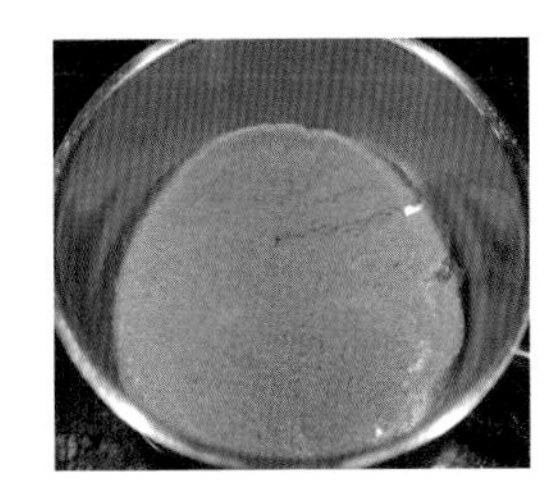

作者／蘿瑞娜

羽衣甘藍脆片

羽衣甘藍（Kale）跟藜麥是最近走紅海內外的超級健康食物。富含維生素A、C、K、β 胡蘿蔔素、葉黃素，尤其每盎司 Kale 所含的維生素 K 是人體每日所需的 600 倍之多，再加上還高纖助消化，很多人都會拿來直接打成蔬果精力湯飲用。

不過，我個人偏愛將其烤成脆片，或是做成烘蛋與青醬。尤其是烤成喀滋喀滋的脆片，比起洋芋片來說，絕對更健康美味。

材料

羽衣甘藍葉............................ 1 把
海鹽.......................................適量
砂糖.......................................適量
現磨五色椒（或喜歡的香料）
....1/2 小匙
蒜粉..............................1/2 小匙
橄欖.............................油 2 大匙

做法

1 將羽衣甘藍洗淨，摘除硬梗，撕成入口大小，後用廚房紙巾吸乾水分備用。

2 撒上橄欖油、海鹽、砂糖及香料粉，用手拌勻後，鋪在烤盤上。

3 放入事先預熱好 150（約 300 °F）的烤箱中，烤 16-20 分鐘（中間記得幫烤盤換邊），烤至酥脆但不焦黑的程度即可取出。

作者／蘿瑞娜

日式哇沙米鷹嘴豆

鷹嘴豆是營養價值很高的豆類，富含葉酸、鉀、鎂、磷、鋅、銅、維生素 B，以及豐富的蛋白質和纖維質。加州營養學者曾指出，鷹嘴豆可降低膽固醇及減少罹患心臟病和糖尿病的風險，此外，它帶給人的高飽足感更有助於減重，難怪成為這幾年養生食材的新寵兒。

我常把鷹嘴豆做成中東口味的鷹嘴豆泥沾麵包食用，或是炒成接下來要分享的日式哇沙米鷹嘴豆（換個調味，就能變成椒麻口味），變身成為讓人一吃上癮的涮嘴小零嘴。

材料（3～4人份）

鷹嘴豆......................................200g
鹽.. 1/4 小匙
日式哇沙米粉..........................適量
海苔粉 ....適量

做法

1 先將乾的鷹嘴豆洗淨後，泡水約 6~8 小時，至鷹嘴豆膨脹。
2 倒掉泡鷹嘴豆的水後，將豆子放入大同電鍋內鍋，加水淹沒鷹嘴豆，再加入鹽。
3 外鍋放 1 杯水，按下電源，跳起後，取出瀝乾水分。
4 接著，把煮好的鷹嘴豆放入加少許油的不沾鍋中炒乾。
5 起鍋前，灑上加入日式哇沙米粉及海苔粉，拌勻即完成。

作者／梅子

青醬起司烤紅薯條

我家冰箱裡總是常備著青醬。我視青醬為百變醬料，能在主婦最忙的時候幫襯一把。它並非只能用來做義大利麵，用來涼拌、搭佐海鮮、醃製肉類，都非常合適。有時嘴饞、又不想胡亂吃些高熱量的薯片零食，紅薯做成的烤薯條便成為最佳選項。利用青醬裡多種辛香材料的複合風味，加上帕瑪森起司的鹹鮮，幾乎不需特別調味，放入夾鏈袋中，完全不沾手地搖一搖，倒在烤盤上，20 分鐘後就有香酥的薯條解饞。焗烤的薯條雖不如油炸來的脆挺，卻格外清爽，反而更能享受到紅薯本身的甘甜風味。

在美國，市面上多見紅薯（Sweet potato），其實跟我們常吃的地瓜（Yam）是有所區別的農產品。不過，兩者口感非常類似，做法也相同，因此，這篇雖然用了紅薯，當然也可以直接使用國內更為方便取得的地瓜；此外，馬鈴薯、紫薯等也都是可以用來替換的食材。除了做為小點，這道烤薯條用來當作配菜搭配西餐肉品也非常合宜。

材料（4人份）

紅薯（地瓜）............................1100g

青醬（市售或自製）..................100g
（見 P052 羽衣甘藍青醬）

中筋麵粉................................ 4 大匙

砂糖 ....1 大匙

帕瑪森起司粉（Parmesan）.150g

胡椒粉 ....適量

海鹽...適量

做法

1 將紅薯切成手指般粗條狀，與青醬拌和均勻。

2 將麵粉、砂糖、起司粉、以及適量的胡椒粉與鹽，一起放入夾鏈袋內，搖晃混合。

3 將 1 的紅薯條放入夾鏈袋內，與 2 的粉料一起搖晃，讓薯條上均勻粘黏起司粉。

4 烤箱預熱至 200℃（約 400 ℉）。於烤盤上鋪放烘培紙，將薯條於烤盤上攤平，焗烤 20 分鐘左右，趁熱食用。

TIP

‧若薯條冷卻返潮，可再放回烤箱內以高溫（200℃ /400 ℉）快速烤熱，外表就會恢復酥脆。

CYCLAMEN REPANDUM
Ivy Leaved Cyclamen

作者／蘿瑞娜

烤核桃鼠尾草南瓜

南瓜季來臨時，我特別愛拿栗子南瓜來做這道料理，一來備料簡單，放入烤箱中等待的時間，便可安心坐等料理。二來烤過稍微焦糖化的南瓜，口感鬆軟鹹香中帶著栗子的鮮甜滋味，不管搭配什麼主菜都十分合宜。

材料（2～3人份）

南瓜......................300g
核桃...................1小把
蒜切片.................. 3瓣
鼠尾草（可省略）
.................................適量
伊比利火腿（可省略）
.............................4~5片
香料鹽..................適量
橄欖油..............2大匙

做法

1 南瓜去籽，切成0.5公分的厚片，蒜頭切片，核桃稍微捏碎備用。

2 取一烤盤，先擺上南瓜片，表面用刷子刷上橄欖油。

3 依序擺上蒜片、鼠尾草及核桃碎。

4 於3撒上喜歡的香料鹽，放入預熱好200℃（約400℉）的烤箱中，烤20分鐘至表面稍微焦糖化，即完成。

作者／蘿瑞娜

桂花烏龍茶香蛋

孩子們非常喜愛帶著茶香的茶葉蛋，尤其是以冷泡方式泡製出來的。冷泡茶香蛋是我多方試驗後，覺得最方便省事、效果也最好的一款。用電鍋蒸雞蛋簡單且絕對萬無一失，完全不用擔心雞蛋在煮沸的水中互相碰撞而流出蛋液。冷泡的方式，茶香更是細緻，蛋黃能保持軟Q濕潤，不會因為在燉煮入味的同時變得過乾過粉，我想也正是如此讓孩子們特別喜愛。

材料（8～10顆）

有機蛋（大）................ 8～10顆
桂花烏龍茶葉 4g
醬油 120ml
味醂 60ml
米酒 60ml

※ 沒有桂花烏龍茶葉，也可改用烏龍茶加乾燥桂花來取代。

做法

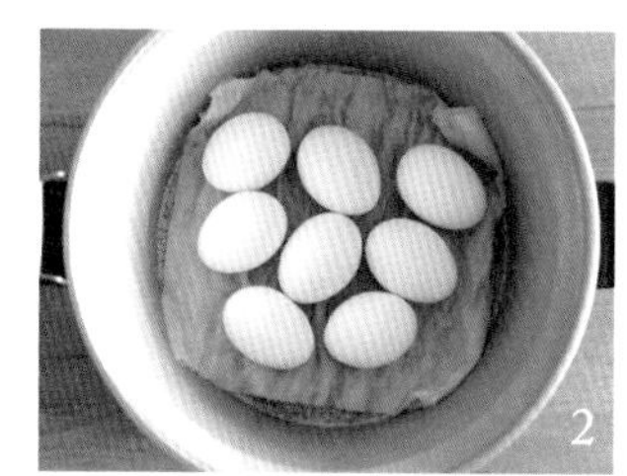

1 取2~3張廚房紙巾，用水沾濕，鋪在大同電鍋底部。

2 將洗淨的雞蛋放入廚房紙巾上方，蓋上蓋，按下電源。

3 電源跳起後，取出雞蛋泡在冷水中降溫，降溫後，剝殼放入容器中。

4 將其他材料放入小鍋中煮沸，稍微放涼後，倒入裝有雞蛋的容器，靜置約6～8小時，即可享用。

TIP

・要上色均勻的話，途中記得幫雞蛋翻面，或著也可以改放在塑膠袋中浸泡。

甜味點心

我是個重度嗜甜者，尤其移居到了高緯度地區，得度過晦暗陰冷的漫長冬日後，更成為我重要的能量來源。隨著年紀漸長，雖然嗜甜食的癮頭依舊還在，但細看所吃的甜點內容卻與以往大相逕庭。我把近年來的健康飲食習慣也帶到了甜點的製作上，讓自己在過過癮頭時，也能吃得放心吃得健康窈窕。

作者／蘿瑞娜

芒果奇亞籽椰奶布丁

奇亞籽飲料已在台灣流行了一陣子，多數是做為飲料飲用。但其實把奇亞籽泡得稍微濃一點，就能當成健康的布丁甜點，不同季節時搭配上不同的時令水果，顏色繽紛、各有滋味，還富含蛋白質跟纖維，是酗甜點的人想過過癮、又不招致罪惡感的好選擇。

材料（2～3杯）

A 椰奶奇亞籽

- 椰奶……150g
- 奇亞籽……15g
- 糖漿（砂糖亦可）……適量

B 芒果奇亞籽

- 鮮奶（或椰奶）……150g
- 芒果……150g
- 奇亞籽……20～30g
- 砂糖（可省略）……適量

熱帶水果丁……適量
芒果泥……適量
萊姆汁……1/2 顆
萊姆皮屑……1/2 顆

※ 熱帶水果丁可使用木瓜、柑橘、芒果、鳳梨等。

做法

1

2

3

4

5

6

1 將椰奶奇亞籽所有材料放入一玻璃容器中，拌勻靜置備用。

2 將芒果、鮮奶與萊姆砂糖汁放入果汁機中打成芒果牛奶。

3 接著將芒果鮮奶與奇亞籽放入一玻璃容器中，拌勻靜置備用。

4 將泡發的芒果奇亞籽裝入玻璃罐中。

5 接著鋪上一層芒果泥。

6 再鋪上一層椰奶奇亞籽，最後用水果丁與檸檬皮屑當做頂飾即完成。

作者／蘿瑞娜

萊姆煉乳奇亞籽冰棒

萊姆一直是我冰箱中常備的食材之一，不管是料理時調醬，或是加蜂蜜調成飲品，甚至一時興起想調調酒，都是不可或缺的靈魂風味。而檸檬煉乳的酸甜滋味，不只是我，連孩子們都愛，再加上奇亞籽與莓果做成冰棒，簡單消暑又健康。

材料（約4～5支）

萊姆....................4~5 顆（約 200g）
糖....................50g
煉乳....................25g
水....................300g
奇亞籽....................15g
綜合莓果（藍莓、覆盆子、草莓等）....................適量

做法

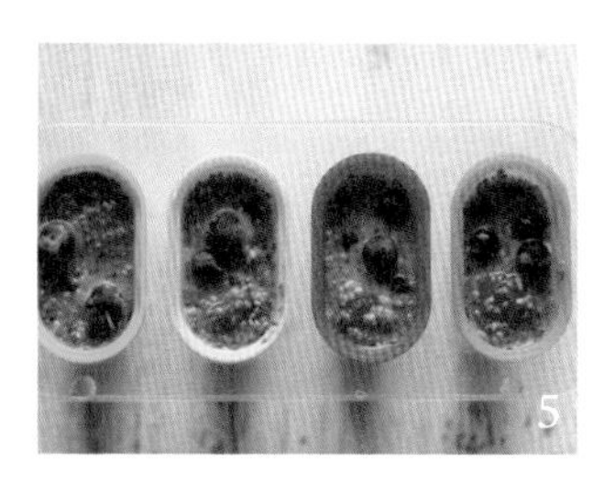

1 將萊姆對切後，擠汁備用（喜歡皮屑清香的人，不妨先刨下皮，加入萊姆汁之中）。

2 於 1 中加入水、煉奶及砂糖，攪拌均勻到砂糖全部溶化。

3 再加入奇亞籽，靜置泡開。

4 將泡好的檸檬煉乳奇亞籽倒入冰棒盒中，約七分滿。

5 加入莓果，即可放入冰箱冷凍定型。

作者／蘿瑞娜

桂花烏龍寒天凍

在我還是夜市女王的那段青春歲月裡，逛夜市必吃的街邊小食中，一定有冰涼滑溜的菜燕這一道。尤其在炙熱的夏夜裡，從舌尖滑進喉嚨裡的那股清涼特別讓人感到通體舒暢。現在把菜燕的基底材料改成清雅帶著蜜香的桂花烏龍茶，再添加些枸杞，夏日時，想吃點甜的涼的時候，更加健康清爽，也保證讓你心滿意足。

材料（IKEA 玻璃便當盒 1 盒）

A 桂花烏龍茶（500ml）

- 水……500ml
- 茶葉……10g

冰糖……3 大匙
枸杞……1 小把
桂花……1 小匙
寒天……4g

※ 沒有桂花烏龍茶葉，也可改用烏龍茶加乾燥桂花來取代。

做法

1

2

3

4

5

6

1 將寒天剪成小段後，泡在冷水中半小時待其軟化備用。

2 將桂花烏龍茶葉放入容器中，注入熱水，浸泡約 1~2 分鐘，取出茶葉備用。

3 把茶湯與枸杞、桂花放入大同電鍋的內鍋中，加入冰糖。

4 在 3 中加入泡軟的寒天。

5 在外鍋放 1 杯水，按下電源，跳起後倒入一方型的玻璃容器中，待放涼後，放入冰箱冷藏 6 ～ 8 小時。

6 食用前，倒扣取出桂花烏龍茶凍，切塊後即可享用。

TIP

・不喜歡桂花渣渣口感的人，可省略桂花，直接取桂花烏龍的香氣即可。

作者／蘿瑞娜

豆漿奶酪佐蜜紅豆

原本我一直很愛奶酪類的甜點，但自從知道做法和材料之後，每次享用時總會有深深的罪惡感。直到後來我用豆漿取代鮮奶油做成豆漿奶酪，不僅能嚐到甘甜的豆香，搭配自製的蜜紅豆或是蜜黑豆更讓整體風味更是美妙。

材料（3～4個）

無糖豆漿....................................300g
砂糖..................................20～30g
吉利丁片....................3片（約5g）
蜜紅豆（或蜜黑豆）.................適量

做法

1

2

3

4

5

1 吉利丁片泡在冰水中，泡軟備用。

2 將無糖豆漿放入一小湯鍋中。

3 加入砂糖後，以小火加熱至50℃（約120 ℉，溫熱但不燙的程度）。

4 接著，加入泡軟的吉利丁片，攪拌至全部融化。

5 倒入適當的容器中，撈除表面的泡泡，冷藏1～2小時，待凝固後，即可搭配蜜紅豆（或蜜黑豆）享用。

作者／蘿瑞娜

日式醬煮蜜黑豆

黑色食材在中醫理論是滋補腎氣的最佳食物，這道蜜黑豆是日本料理店裡常見的開胃小菜之一，甜中帶著些許醬香，溫潤了黑豆本身原不討喜的風味，是道下菜涮嘴的前菜，若要當成甜品，我常拿來搭配豆漿奶酪來享用。

材料（成品約 1 大碗）

黑豆..1 米杯

A 蜜汁醬

水....................................1000cc

黑糖....................................120g

二砂....................................150g

醬油.........................50 ～ 60cc

鹽.......................................1 小撮

※ 黑豆我混了四分之一的黑眼豆。

做法

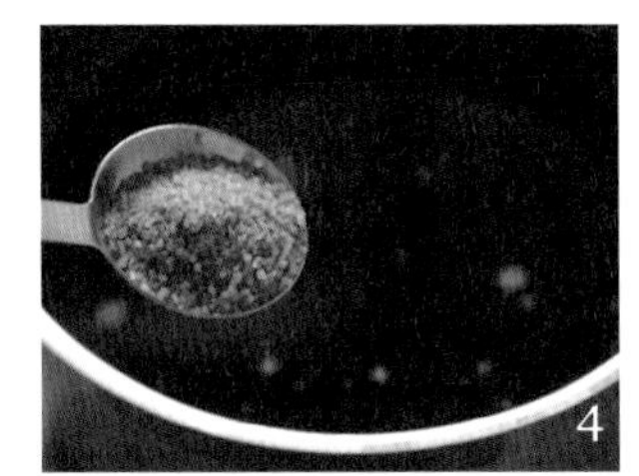

1 將黑豆（黑眼豆）洗淨後，放水浸泡 6 小時備用。

2 瀝乾泡好的黑豆（黑眼豆）。

3 放入大同電鍋內鍋中，加水淹過豆子，外鍋放 2 杯水按下電源，跳起後燜 10 ～ 15 分鐘。

4 煮黑豆的同時可另鍋煮蜜汁醬，把蜜汁醬的所有材料放入一個鍋中，煮至黑糖（二砂）全部溶化即可。

5 撈起煮好的黑豆泡入蜜汁醬中，浸泡至少 1 天，待入味後即可享用。

作者／蘿瑞娜

地瓜黑糖煎餅

出國旅遊時，我最愛在街坊巷弄裡尋找平民美食。傳統的街邊小食會讓人產生更貼近當地人生活的感覺。向來酗甜點的我，當然不會錯過的就是各地的特色甜食啦。而韓國的街邊小吃～黑糖餅，更是吃過即念念不忘。

傳統的做法是使用發麵糰，要做就得等待，沒辦法隨性地想吃就立刻動手做。這款黑糖地瓜煎餅，簡化了韓國黑糖餅的料理方式，並結合了地瓜這項食材。工序不但簡單許多，香氣跟美味卻毫不遜色。

材料（5 個）

烤地瓜……1 條（約 180g）
糯米粉……60g
太白粉……20g
水（或鮮奶）……20g
黑糖……適量
花生粉（或花生醬）……適量

做法

1 將地瓜去皮後，壓泥備用。
2 加入粉類，揉成成地瓜糯米糰，邊揉、邊適量加入水（或鮮奶）。
3 將地瓜糯米糰分平均分成 5 等份（一份約 55g），稍微搓圓後壓平，然後在中心放上花生醬及黑糖（沒有花生醬就用花生粉，沒有花生粉就省略，只放黑糖也很好吃）。
4 將地瓜糯米糰包起收口後，再搓圓成球狀。
5 小心地將包有餡料的地瓜糯米球壓平。
6 鍋中放適量的油（如果用不沾鍋只需少量的油即可），以中火煎到兩面酥香即可。

Deli är
w York
eller well done?
Not cheap but goo
Hängmörat nötk

作者／蘿瑞娜

香蕉燕麥軟餅乾

這款低卡高纖餅乾的材料非常簡單，製作起來也相當容易，成品屬帶點軟Q、越嚼越香的類型。唯一要注意的重點就在於香蕉一定要選擇熟透的才會香甜多汁，另外餅乾的大小也會影響烤的時間，大家可以自行調整。

材料（約 9～10 片）

香蕉（熟透）……1 條（約 120g）

燕麥……50g

葡萄乾……20g

做法

1 準備一個塑膠袋，放入所有的材料。

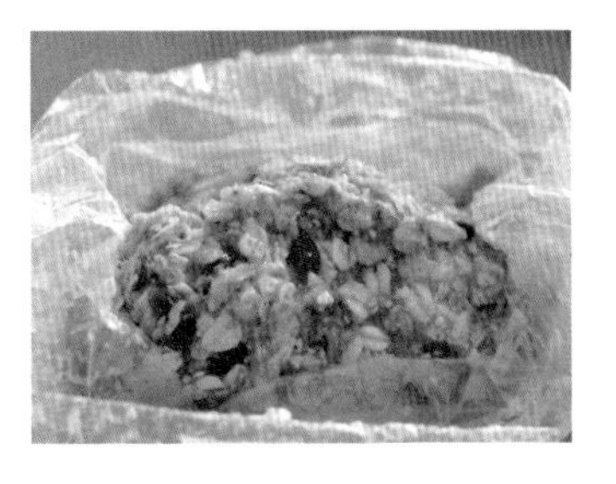

2 用手稍微用力按抓拌勻。

3 取適量混勻的 2 放在鋪有烘焙紙的烤盤上，放入預熱好 175℃（約 350 ℉）的烤箱中，烤 12～15 分鐘即可取出。

作者／蘿瑞娜

芝麻酒釀烙餅

酒釀性甘，歸心、肺、脾、胃經脈，其功效能暖胃益心血，促進血液循環。此外，酒釀還具有降低膽固醇、增加免疫力、抗衰老等功效。而中醫的說法為黑色食物入腎，黑芝麻能補肝腎益氣力，並富含鈣質及維生素E，此外，其豐富的 α－亞麻酸及卵磷脂，還能降低血壓、預防血栓，有助增強專注力和記憶力。

加入酒釀的麵糰，多了份溫潤的酒香。烙得軟Q的麵餅，配上香濃的黑糖芝麻內餡，連原本不愛黑芝麻內餡的小志先生，也能一連吃下好幾個。

材料（約 8 個）

A 老麵

- 高筋麵粉……100g
- 米酒……30g
- 水……40g

B 麵粉

- 中筋麵粉……300g
- 糖……20g
- 酵母……4g

C 芝麻內餡

- 芝麻……150g
- 黑糖粉……100g
- 無鹽奶油……50g

酒釀（煮沸回溫）……100g

水……120g

做法

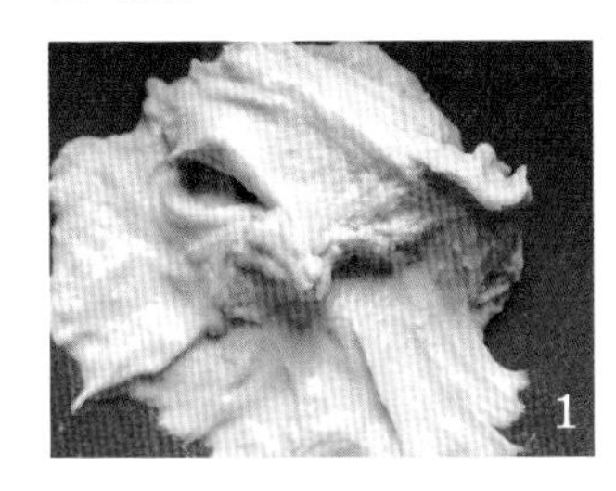

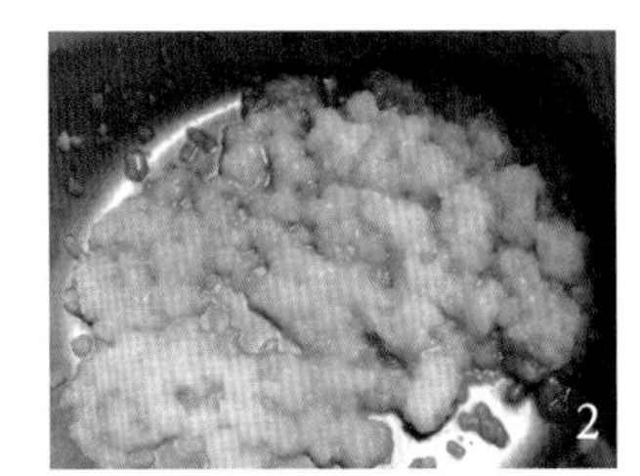

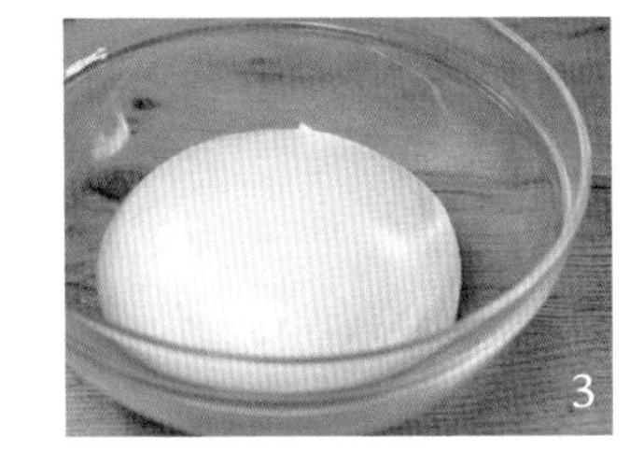

1 製作老麵糰。將老麵糰所有材料拌勻後，靜置室溫中 6~8 小時。

2 將酒釀煮沸後，回溫備用。

3 將 1、2 加入材料 3 的所有材料，揉成團後，靜置 20~30 分鐘發酵。

4 將發酵好的麵糰，分成小團滚圓。

5 成適量大小的麵片後，包入適量的芝麻餡，再發酵 15~20 分。

6 取一不沾鍋抹上一點油，撒入少許麵粉，接著，將發酵好的麵糰壓扁放入鍋中，烙至兩面金黃即可享用。

TIP

- 料理影片示範。

作者／梅子

沙巴雍莓果冰盒蛋糕

因為居住地的天氣限制，無法如願在園中種滿各種我愛的莓果，但卻很幸運地擁有一圃多年的草莓。春夏草莓產季到來時，用自家草莓搭配其他當季莓果，就能變化出許多清爽健康的甜點。我喜歡食物的天然色澤及原始風味，莓果本身便具備豐富的色彩以及果香，只要食材當季、品質好，無需濃妝矯飾，做法越簡單、越能凸顯莓果本身的美味。

這道沙巴雍莓果冰盒蛋糕或許可以用清爽版的提拉米蘇來詮釋。沙巴雍醬 Sabayon（義文稱為 Zabaglione）是我心目中最適合用來搭配莓果的甜點醬料。用蛋黃、砂糖、以及甜酒（通常是葡萄酒）製成，蓬鬆軟滑，酒香撲鼻，連同莓果一起堆疊於手指餅乾上，讓餅乾充分吸收莓果本身漬出的汁水，就不費吹灰之力地自動成為香甜柔軟的蛋糕。在不想動用到烤箱的日子裡，是一道非常合宜的甜品。

材料（約 6 人份）

蛋黃 .... 6 個
砂糖 ....6 大匙
甜白葡萄酒 180ml
新鮮綜合莓果 ....共約 900g
蜂蜜 .... 2 小匙
烘焙用玫瑰水（Rose water）
....1 大匙
鹽..1 小撮
手指餅乾（Ladyfinger）
....36 根左右

※ 新鮮綜合莓果可使用黑莓、藍莓、覆盆子、草莓等。

做法

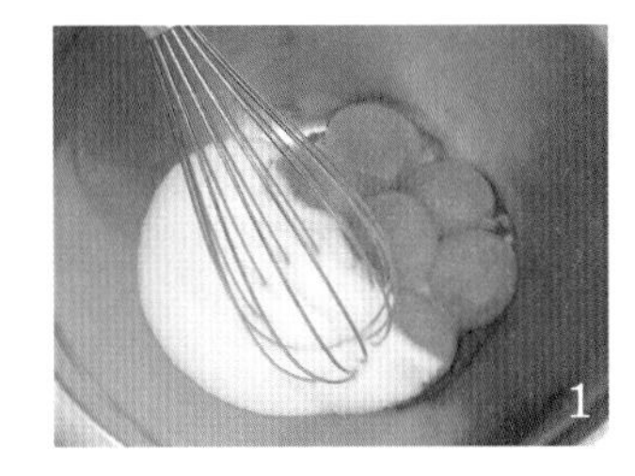

1 將蛋黃與砂糖以打蛋器用力攪打混合。

2 將白葡萄酒倒入 1 中，均勻混合。

3 將 2 隔水加熱，並同時不停攪拌，直到呈現濃稠狀。

4 完成的沙巴雍醬需能覆蓋湯匙表面、滴落緩慢。

5 將莓果洗淨（草莓切小塊），加入蜂蜜及玫瑰水拌勻，醃漬 20 分鐘，至莓果滲出汁水。

6 模具內排入手指餅乾，倒入一層沙巴雍醬，再放上一層莓果與漬汁，直到食材用完；加蓋入冰箱冷藏 4 小時以上，待餅乾吸收漬汁軟化，即可擺盤享用。

TIP

・烘焙用玫瑰水是地中海以及中東地區常用的食材，我常用來漬水果，喜歡它淡淡的花香餘韻。若無法取得則可以省略，或試著用桂花蜜、柚子蜜等芳香食材替換。

人們渴望天然食物的純粹，
讓大眾在飲食方面，回歸『食物』而非『食品』。
使得好的食物成為日常生活中的一部分，
讓天然的食材進入人們生活。

QUINOA
藜麥
紅

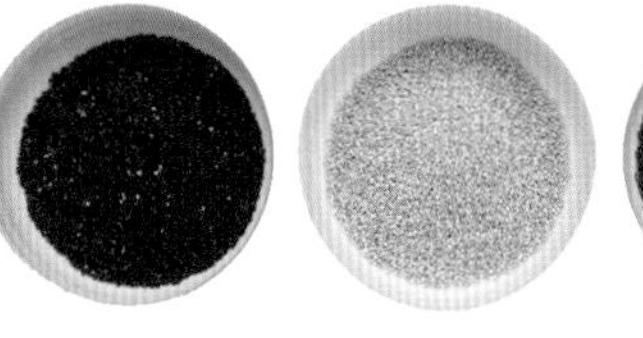

宥宏國際有限公司
YOURGRAIN CO., LTD.

餐桌上的超級食物

74道美味真食的家庭料理

作　　者 | 蘿瑞娜 Lorina
　　　　　梅子 Meg
影片攝影 | 廖婉婷 Eden Liao
發 行 人 | 林隆奮 Frank Lin
社　　長 | 蘇國林 Green Su

出版團隊

總 編 輯 | 葉怡慧 Carol Yeh
企劃編輯 | 石詠妮 Sheryl Shih
封面裝幀 | 江孟達工作室
內頁排版 | 黃靖芳 Jing Huang・王氏研創

行銷統籌

業務經理 | 吳宗庭 Tim Wu
業務專員 | 蘇倍生 Benson Su
業務秘書 | 陳曉琪 Angel Chen
　　　　　莊皓雯 Gia Chuang
行銷企劃 | 朱韻淑 Vina Ju
　　　　　鍾依娟 Irina Chung

發行公司 | 精誠資訊股份有限公司 悅知文化
　　　　　105台北市松山區復興北路99號12樓
訂購專線 | (02) 2719-8811
訂購傳真 | (02) 2719-7980
悅知網址 | http://www.delightpress.com.tw
客服信箱 | cs@delightpress.com.tw
ISBN：978-986-95094-2-8

建議售價 | 新台幣399元
初版一刷 | 2017年7月

國家圖書館出版品預行編目資料

超級食物 / Lorina 蘿瑞娜・Meg 梅子作 --
臺北市：精誠資訊, 2017.7
　面；　公分
ISBN　978-986-95094-2-8(平裝)
1.食譜

427.1　　　　106011104

建議分類 | 生活風格・烹飪食譜

讀者回函

《餐桌上的超級食物》

感謝您購買本書。為提供更好的服務，請撥冗回答下列問題，以做為我們日後改善的依據。
請將回函寄回台北市復興北路99號12樓（免貼郵票），悅知文化感謝您的支持與愛護！

姓名：________________ 性別：☐男 ☐女 年齡：______ 歲

聯絡電話：(日)________________ (夜) ________________

Email：________________

通訊地址：☐☐☐-☐☐ ________________

學歷：☐國中以下 ☐高中 ☐專科 ☐大學 ☐研究所 ☐研究所以上

職稱：☐學生 ☐家管 ☐自由工作者 ☐一般職員 ☐中高階主管 ☐經營者 ☐其他 ________

平均每月購買幾本書：☐4本以下 ☐4~10本 ☐10本~20本 ☐20本以上

- 您喜歡的閱讀類別？(可複選)

  ☐文學小說 ☐心靈勵志 ☐行銷商管 ☐藝術設計 ☐生活風格 ☐旅遊 ☐食譜 ☐其他 ________

- 請問您如何獲得閱讀資訊？(可複選)

  ☐悅知官網、社群、電子報 ☐書店文宣 ☐他人介紹 ☐團購管道

  媒體：☐網路 ☐報紙 ☐雜誌 ☐廣播 ☐電視 ☐其他 ________

- 請問您在何處購買本書？

  實體書店：☐誠品 ☐金石堂 ☐紀伊國屋 ☐其他 ________

  網路書店：☐博客來 ☐金石堂 ☐誠品 ☐PCHome ☐讀冊 ☐其他 ________

- 購買本書的主要原因是？(單選)

  ☐工作或生活所需 ☐主題吸引 ☐親友推薦 ☐書封精美 ☐喜歡悅知 ☐喜歡作者 ☐行銷活動

  ☐有折扣 ______ 折 ☐媒體推薦 ________

- 您覺得本書的品質及內容如何？

  內容：☐很好 ☐普通 ☐待加強 原因：________

  印刷：☐很好 ☐普通 ☐待加強 原因：________

  價格：☐偏高 ☐普通 ☐偏低 原因：________

- 請問您認識悅知文化嗎？(可複選)

  ☐第一次接觸 ☐購買過悅知其他書籍 ☐已加入悅知網站會員www.delightpress.com.tw ☐有訂閱悅知電子報

- 請問您是否瀏覽過悅知文化網站？ ☐是 ☐否

- 您願意收到我們發送的電子報，以得到更多書訊及優惠嗎？ ☐願意 ☐不願意

- 請問您對本書的綜合建議：________

- 希望我們出版什麼類型的書：________

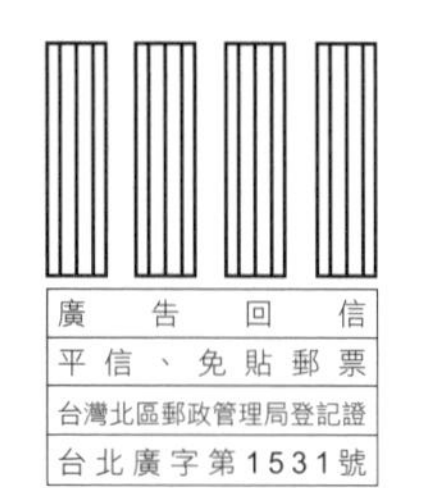

廣　告　回　信
平信、免貼郵票
台灣北區郵政管理局登記證
台北廣字第1531號

SYSTEX making it happen 精誠資訊 | dp 悅知文化 Delight Press

精誠公司悅知文化　收

105 台北市復興北路**99**號**12**樓

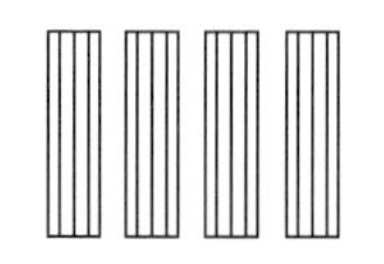

（請沿此虛線對折寄回）

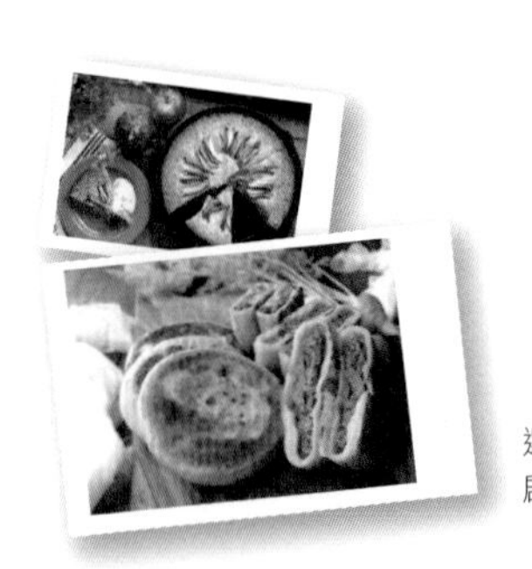

選對、吃對食物，
啟動全食物的關鍵食癒力

dp 悅知文化 Delight Press